网页设计与制作立体化项目教程

（HTML5+CSS3）

主　编／周礼萍　刘开芬　曹小平

副主编／曾立莎　肖永报　钟芙蓉

结合专业知识，贯彻落实立德树人根本任务

融合 1+X 职业技能等级证书要求

以工作过程为导向

将典型助农网电商网站的实现过程分解成若干子任务

任务展示+任务准备+任务实现+任务拓展+课后练习

60 余个任务实践，110 余个微课视频，实现线上线下混合式教学

西南交通大学出版社

·成　都·

图书在版编目（CIP）数据

网页设计与制作（HTML5+CSS3）立体化项目教程/
周礼萍，刘开芬，曹小平主编. -- 成都：西南交通大学
出版社，2024. 8. -- ISBN 978-7-5774-0015-0

Ⅰ. TP393.092.2

中国国家版本馆 CIP 数据核字第 2024DE0948 号

Wangye Sheji yu Zhizuo（HTML5+CSS3）Litihua Xiangmu Jiaocheng
网页设计与制作（HTML5+CSS3）立体化项目教程

周礼萍　刘开芬　曹小平　**主编**

策 划 编 辑	黄庆斌　孟秀芝
责 任 编 辑	黄庆斌
特 邀 编 辑	刘姗姗
封 面 设 计	墨创文化
出 版 发 行	西南交通大学出版社
	（四川省成都市金牛区二环路北一段 111 号
	西南交通大学创新大厦 21 楼）
营 销 部 电 话	028-87600564　028-87600533
邮 政 编 码	610031
网　　　址	http://www.xnjdcbs.com
印　　　刷	成都市新都华兴印务有限公司
成 品 尺 寸	185 mm × 260 mm
印　　　张	16.5
插　　　页	1
字　　　数	415 千
版　　　次	2024 年 8 月第 1 版
印　　　次	2024 年 8 月第 1 次
书　　　号	ISBN 978-7-5774-0015-0
定　　　价	49.80 元

课件咨询电话：028-81435775

前 言

本书全面贯彻党的二十大精神，以社会主义核心价值观为引领，坚持立德树人为根本。以丰富的素材资源为载体，融入案例中，着力培养遵纪守法、爱岗敬业，具有创新精神、家国情怀、使命担当，能服务于地方经济社会发展的高素质、技能型人才。

Web 前端开发技术中，HTML5 和 CSS3 是网页制作技术的核心和基础，是每一个网页制作中必备的基础知识技能，也是高等职业教育计算机类专业的一门重要专业课程。本书从开发人员角度入手，细致全面地介绍了制作符合 Web 标准的网页所需知识。

作者团队根据近二十年的教学经验，通过认真调研企业对 Web 前端工作岗位的需求，并结合高职类院校学生的特点，对教学内容、教学流程、教学案例、教学方法进行了系统设计和整体优化。为突出项目在学生学习中的作用，作者团队用项目教学法帮助学生学习和掌握网页设计这门课程的常用知识点。

全书以《Web 前端开发职业技能等级标准》为大纲，基于工作过程的教学思想，将一个助力于乡村振兴农产品电商网站的实现过程，分解成若干子任务，每个任务都围绕任务展示、任务准备、任务实现、任务拓展进行开展。通过模块间的前后衔接、层层递进，简单易懂的图文分析，让读者能在完成任务过程中理解和掌握相关知识和技能。

全书共 10 个模块，分别从 Web 前端开发基础知识、HTML5 常用图文标签、链接标签、列表和表格标签、CSS3 美化页面、CSS3 盒模型和背景属性、网页常见布局、表单及 CSS3 高级十个部分，对应 60 余个关联式的子任务，系统地进行教学。

为方便教师教学，本书为教师提供免费教学资源：课件、教学大纲、教案、授课计划和练习题库等。为学生配备了免费的学习资源：微视频 110 余个，项目代码和任务素材等。本书参考学时为 64~96 学时，建议采取理实一体化教学，可参考下面学时分配表。

模　块	内　容	学时数
模块一　Web 前端开发基础知识	搭建项目开发环境	4～6
模块二　网页中的图文展示	制作助农网行业资讯图文新闻	4～8
模块三　网页中超链接的应用	制作助农网个人中心页面	4～6
模块四　网页中列表的应用	制作助农网三农信息资讯页面	4～6
模块五　网页中表格的应用	制作助农网个人订单页	4～8
模块六　CSS3 美化页面	制作助农网关于我页面	10～14
模块七　盒子模型和背景属性的应用	制作助农网页脚部分	8～12
模块八　网页中常见布局的应用	制作助农网首页	14～16
模块九　网页中表单的应用	制作助农网注册页面	4～8
模块十　CSS3 高级应用	制作助农网页面动画特效	4～8
期末复习	课程考核	4
学时总计		64～96

　　本书由周礼萍（重庆科创职业学院）、刘开芬（重庆科创职业学院）、曹小平（重庆科创职业学院）担任主编，重庆科创职业学院的曾立莎、钟芙蓉、肖永报、龙平、高明伟、龙熠等多位一线教学老师参与了教学案例的设计、优化和部分章节的编写、校对、整理、素材的收集工作。

　　本书是一本真正意义上的校企合作教材。在编写过程中，得到了成都双禾科技有限责任公司、重庆念老家电子商务有限公司大力支持。企业人员共同参与确定教材大纲、项目内容，提供案例原型资料等，并在本书完成后，根据实际工作过程提供宝贵的修改意见，在此对他们表示衷心的感谢。

　　由于时间仓促，加之编者水平有限，书中难免有疏漏与不足之处，敬请各位读者批评指正，如果发现有任何问题或者不认同之处请与编者取得联系，编者 QQ：1324872446。感谢您选择本书，期待能成为您的良师益友。

作　者

2024 年 8 月

资源索引

目 录

CONTENTS

模块一

Web 前端开发基础知识

本模块主要讲述搭建项目开发环境。

📑 教学导航

教学目标	（1）熟悉网页的基本组成元素；
	（2）学会下载和安装浏览器及网站开发工具；
	（3）熟悉 Visual Studio Code 的工作界面；
	（4）学会创建本地站点和管理本地站点；
	（5）清楚网站建设的基本流程
教学方法	任务驱动法、理实一体化、合作探究法
建议课时	4~6 课时

📑 渐进训练

任务 1 安装 Web 浏览器

⚡ 任务准备

1.1.1 Web 概述

Web（World Wide Web）即全球广域网，也称为万维网，它是一种基于超文本和 HTTP（超文本传输协议）的、全球性的、动态交互的、跨平台的分布式图形信息系统。是建立在 Internet 上的一种网络服务，为浏览者在 Internet 上查找和浏览信息提供了图形化的、易于访问的直观界面，其中的文档及超级链接将 Internet 上的信息节点组织成一个互为关联的网状结构。

Web 标准不是某一个标准，而是一系列标准的集合。网页主要由三部分组成：结构（Structure）、表现（Presentation）和行为（Behavior）。

结构标准：结构用于对网页元素进行整理和分类，主要是 HTML。

表现标准：表现用于设置网页元素的版式、颜色、大小等外观样式，主要指 CSS。

行为标准：行为指网页模型的定义及交互的编写，主要是 ECMAScript。

Web 标准之间的关系如图 1.1.1 所示。

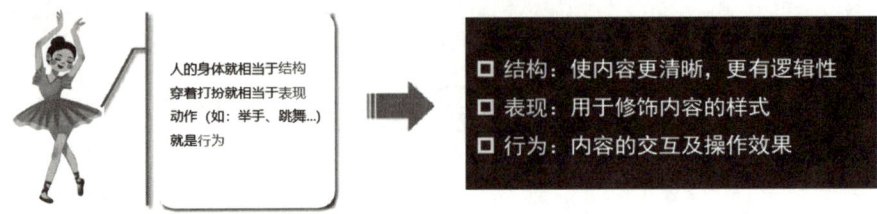

图 1.1.1　Web 标准之间的关系

1.1.2　网页相关概念

（1）认识网页。

网页是网站中的一"页"，通常是 HTML 格式的文件，需通过浏览器来进行阅读。

（2）认识网站。

网站是指因特网上根据一定的规则，使用 HTML 等制作的用于展示特定内容的相关网页集合。

（3）构成网站的基本元素。

网页是构成网站的基本元素，它通常由图片、文字、声音、视频、链接等元素组成。一般我们看到的网页是以".html"或".htm"为后缀结尾的文本，因此称为 HTML 文件。

（4）HTML 基本概念。

HTML（Hyper Text Markup Language）中文译为"超文本标签语言"，它是用来描述网页的一种语言。HTML 不是一种编程语言，而是一种标记语言，而标记语言是由一套标记标签组成的。

1.1.3　主流浏览器

浏览器是用来检索、展示以及传递 Web 信息资源的应用程序。常用的浏览器有 IE、Microsoft Edge、火狐（Firefox）、谷歌（Chrome）、Safari 和 Opera 等，如图 1.1.2 所示。

图 1.1.2　主流浏览器

🔷 **任务实践**

（1）登录谷歌官方浏览器网站，点击下载 Chrome，如图 1.1.3 所示。

图 1.1.3　Chrome 官方浏览器下载

（2）选择安装包下载路径，点击"下载"，如图 1.1.4 所示。

图 1.1.4　选择安装包下载地址

（3）打开安装包所在文件夹，双击 ChromeSetup.exe 文件，根据小贴士进行安装，安装成功后运行 Chrome 浏览器，如图 1.1.5 所示。

图 1.1.5　运行 Chrome 浏览器

任务 2　安装 Visual Studio Code

📡 任务准备

1.2.1　常用 Web 开发工具

前端软件就是前端工程师编写代码时所需要的编辑工具，现在可供使用的工具有很多，除了具备基本的代码编辑功能之外，每款软件都有自己新加入的辅助功能。现在比较常用的开发软件有：Visual Studio Code、HBuilder、WebStorm、Sublime Text、Dreamweaver 等。本书以 Visual Studio Code 为示范进行讲解。

1.2.2　Visual Studio Code 下载与安装

（1）打开官网下载地址，如图 1.2.1 所示。

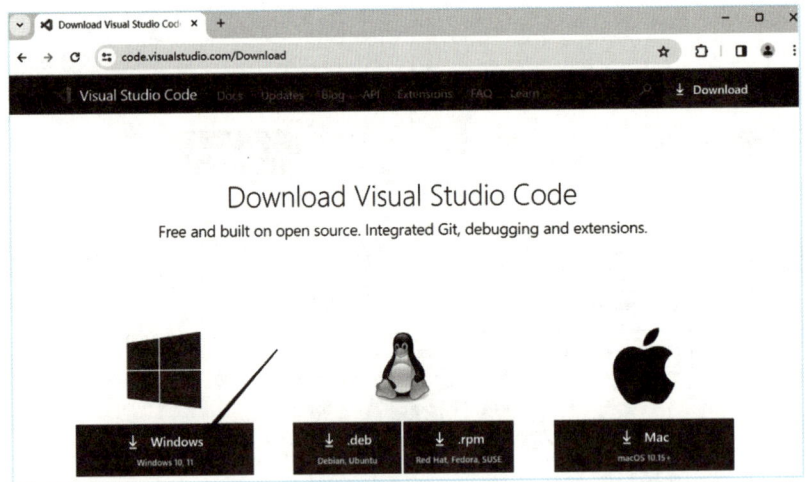

VS Code 安装

图 1.2.1　选择下载安装包

（2）安装：执行 VSCodeUserSetup.exe，安装文件到指定目录，如图 1.2.2（a）所示。

（3）运行安装文件下的 Code.exe，如图 1.2.2（b）所示。

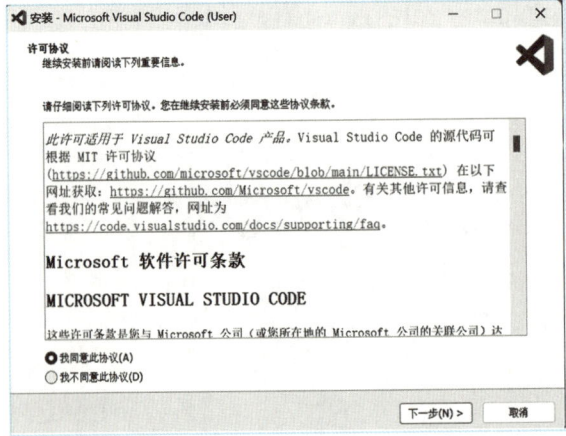

（a）

（b）

图 1.2.2　根据小贴士安装

（4）安装完成，运行 Visual Studio Code，如图 1.2.3 所示。

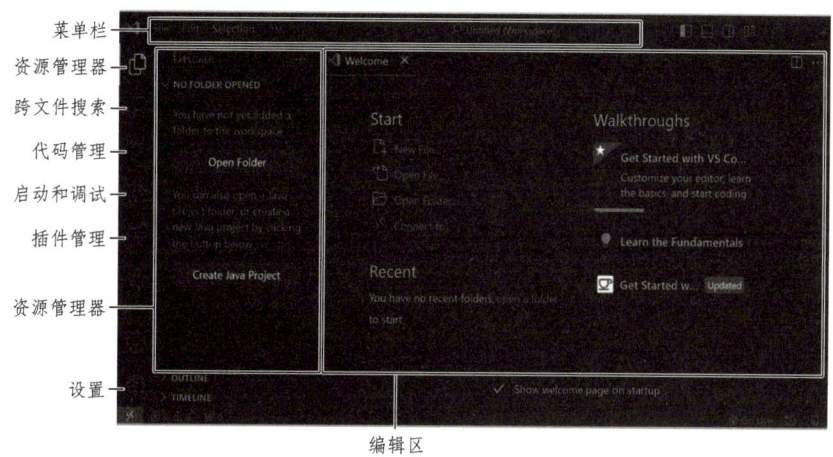

菜单栏
资源管理器
跨文件搜索
代码管理
启动和调试
插件管理

资源管理器

设置

编辑区

图 1.2.3　Visual Studio Code 界面

1.2.3　Visual Studio 常用插件

Visual Studio 常用插件如表 1.2.1 所示。安装汉化插件如图 1.2.4 所示。

表 1.2.1　Visual Studio 常用插件

插件名称	插件说明
Chinese	中文（简体）语言包
open in browser	右键选择浏览器打开 html 文件
Auto Rename Tag	HTML 标签自动重命名配对
Live server	本地服务器，实时预览
prettier	代码自动格式化
Chinese Lorem	生成随机中文
Random Everything	随机生成文本

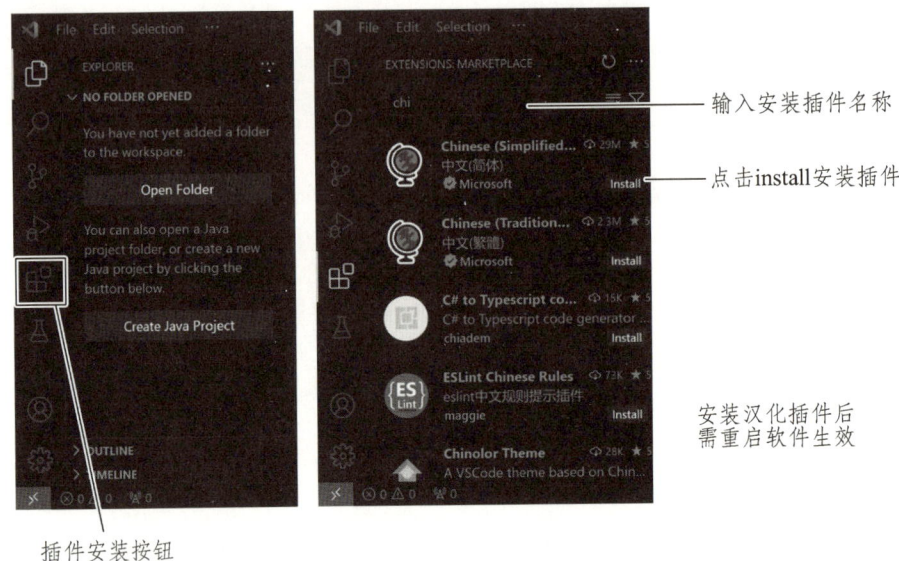

输入安装插件名称

点击install安装插件

安装汉化插件后
需重启软件生效

插件安装按钮

图 1.2.4　安装汉化插件

1.2.4　Visual Studio Code 其他设置

（1）颜色主题的选择，如图 1.2.5 所示。

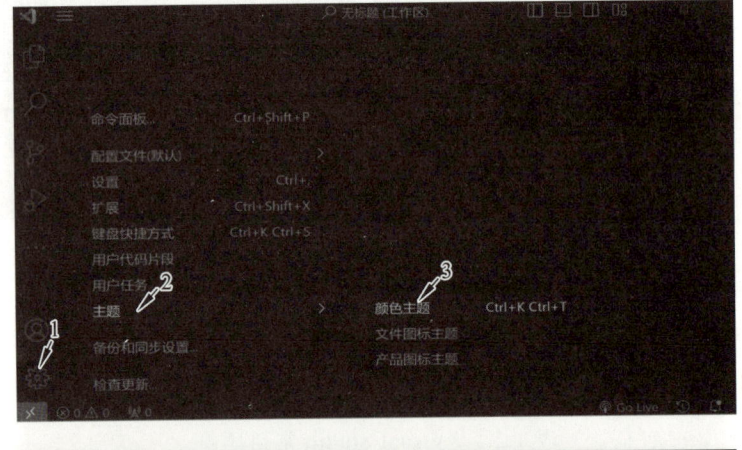

图 1.2.5　主题颜色设置

（2）设置保存时自动格式化，如图 1.2.6 所示。

图 1.2.6　设置保存时自动格式化

（3）设置服务器默认浏览器，如图 1.2.7 所示。

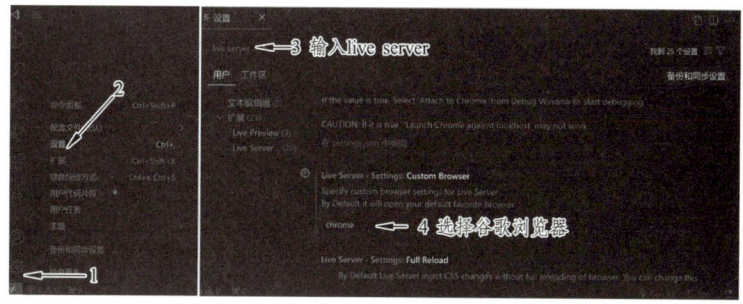

图 1.2.7　设置谷歌为本地服务器默认浏览器

🚀 任务实践

（1）登录官网，点击下载安装包。
（2）打开安装包所在文件，双击 VSCodeUserSetup.exe 根据小贴士进行安装。
（3）安装完成后，运行 Visual Studio Code 程序，安装汉化包，重启程序。
（4）尝试安装其他相关插件。
（5）设置主题颜色。
（6）设置保存时自动格式化。
（7）设置服务器默认浏览器。

任务 3　使用 Visual Studio Code 创建项目

🚀 任务准备

1.3.1　站点文件夹

站点就是一个文件夹，用来存放网页所用到的所有文件和文件夹，包括主页、子页、用到的图片、音频文件等。

站点分为本地站点和远程站点。

本地站点就是存放在本地计算机里的那个文件夹，远程站点就是上传后存放在服务器上的那个文件夹。

为了更好地管理和维护网站，网站文件夹的命名需要遵循一些基本要求。

（1）文件夹命名规则。

文件夹命名一般采用英文，长度一般不超过 20 个字符，命名采用小写字母。一些常见的文件夹命名如：images（存放图形文件），html（存放 html 文件），style（存放 CSS 文件），scripts（存放 javascript 脚本），media（存放多媒体文件）等，如图 1.3.1 所示。

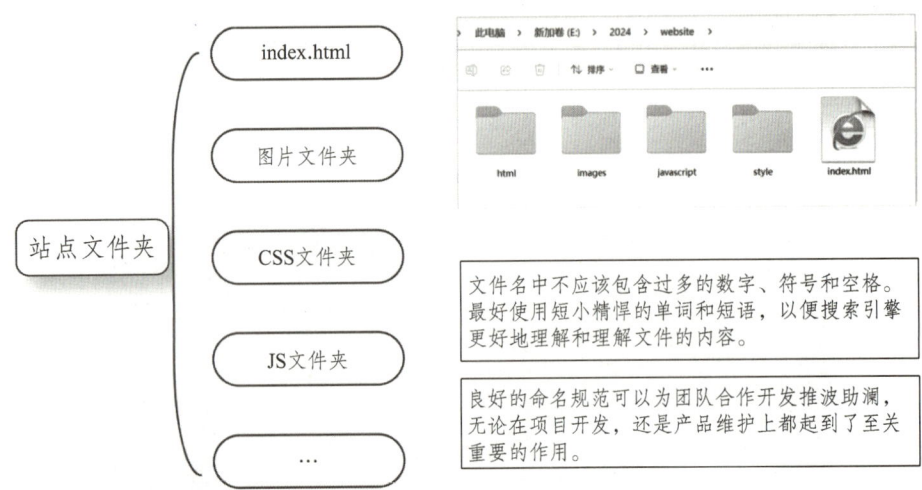

图 1.3.1　站点文件夹

（2）文件命名规则。

文件名称统一用小写的英文字母、数字和下划线的组合，以英文字母开头。命名原则一是让自己和工作组的每一个成员能够方便理解每一个文件的意义，二是当在文件夹中使用"按名称排列"的命令时，同一种大类的文件能够排列在一起，以便查找、修改、替换、计算负载量等等操作。

1.3.2　Visual Studio 创建项目

（1）选择文件——将文件夹添加到工作区，如图 1.3.2 所示。

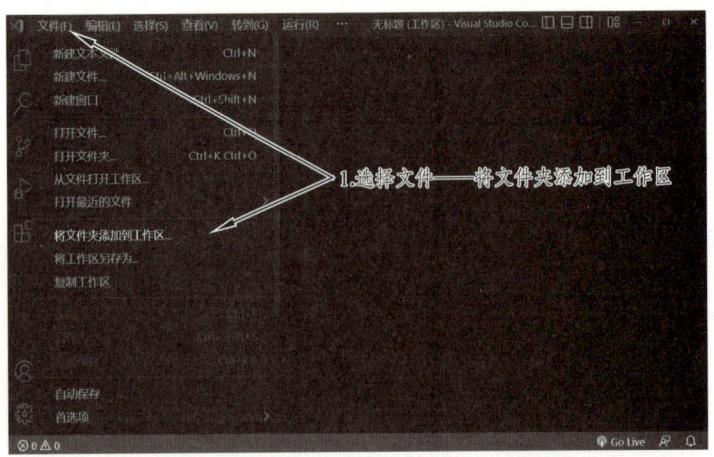

图 1.3.2　将文件夹添加到工作区

（2）在资源管理器窗口选择新建文件，并命名 demo.html，如图 1.3.3、1.3.4 所示。

（3）在编辑器用英文的叹号"！"+Tab 键或者回车键，生成固定 HTML5 结构，如图 1.3.5 所示。

（4）在 body 标签内，编辑内容后，用 ctrl+S 保存或文件/保存，单击鼠标右键选择"open in Default Browser"在默认浏览器打开，如图 1.3.6、1.3.7 所示。

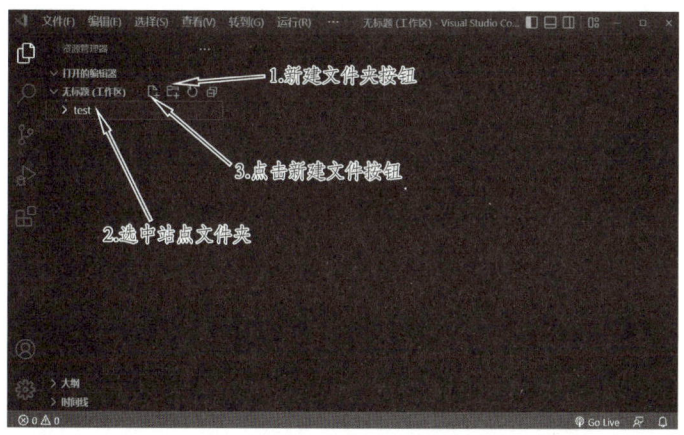

图 1.3.3　新建文件

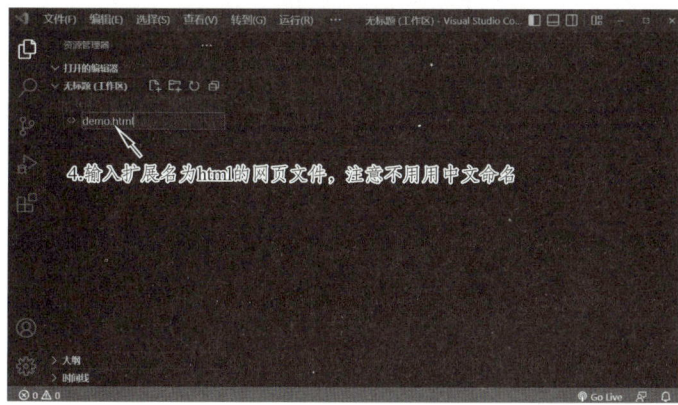

图 1.3.4　输入文件名称

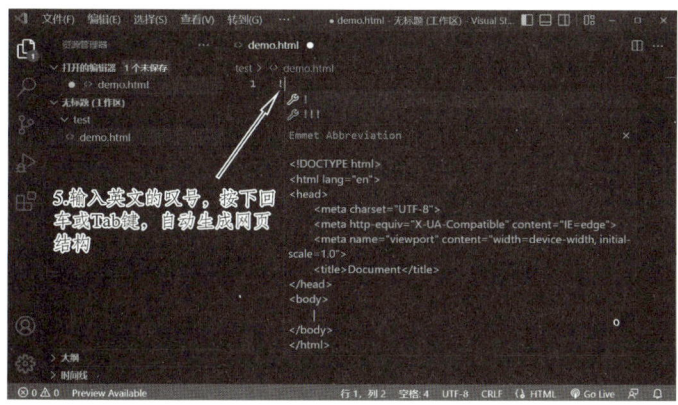

图 1.3.5　网页结构的快速生成

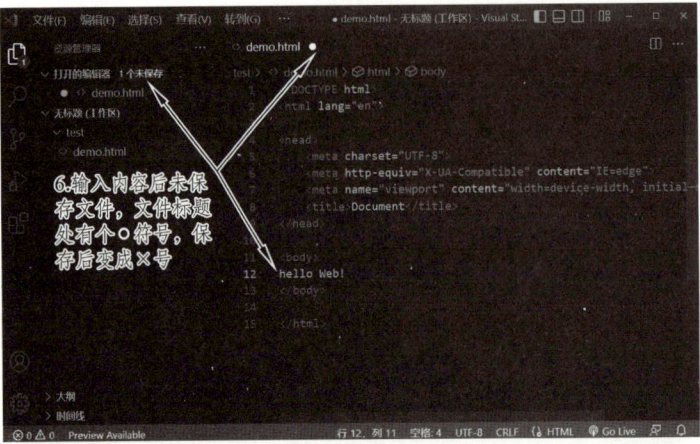

图 1.3.6　内容输入后保存小贴士

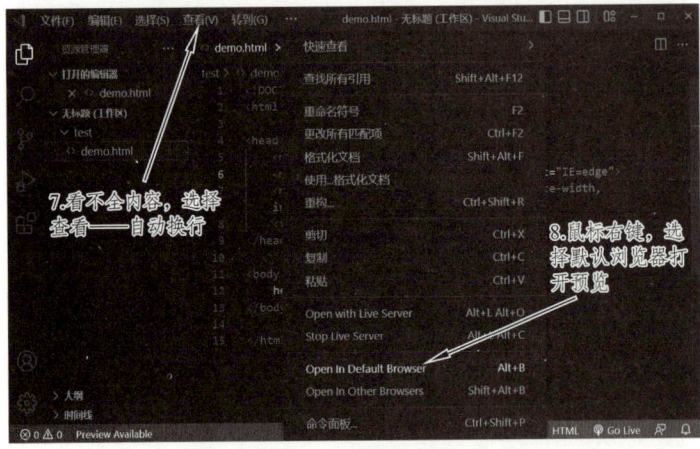

图 1.3.7　运行浏览器

📲任务实践

（1）创建站点文件夹 website。

（2）在根目录下分别创建 images、html、style、js、media 文件夹。

（3）在根目录下创建 index.html 文件。

（4）用英文感叹号生成 HTML5 结构。

（5）在 body 标签内输入"HELLO WEB！"保存。

（6）单击鼠标右键，选择"Open in Default Browser"用默认浏览器打开观察。

任务 4　农产品电商首页设计

📲任务展示

农产品电商首页设计草图如图 1.4.1 所示。

欢迎|登录或注册　　　　　　　　　　　　个人中心　卖家中心　联系我们

Logo	搜索框

商品分类导航
...... >
...... >
...... >
...... >
...... >
...... >

轮播图

○个人中心

用户导航

秒杀计时器	特价商品1	特价商品2	特价商品3	特价商品4	优惠活动

品质优选	产品列表1	产品列表2	产品列表3	产品列表4
	产品列表5	产品列表6	产品列表7	广告 广告

热销商品　农业资讯　农技学堂

商品筛选　v
筛选分类1　筛选分类2　......　筛选分类n

商品展示列表	商品展示列表	商品展示列表 商品展示列表	商品展示列表
商品展示列表	商品展示列表	商品展示列表	商品展示列表
商品展示列表	商品展示列表	商品展示列表	商品展示列表
商品展示列表	商品展示列表	商品展示列表	商品展示列表

页脚部分

图 1.4.1　农产品电商首页设计草图

任务准备

1.4.1 网站的开发流程

网站的建设通常遵循一个基本流程：规划阶段、设计阶段、开发阶段、测试和发布阶段与维护阶段，如图 1.4.2 所示。

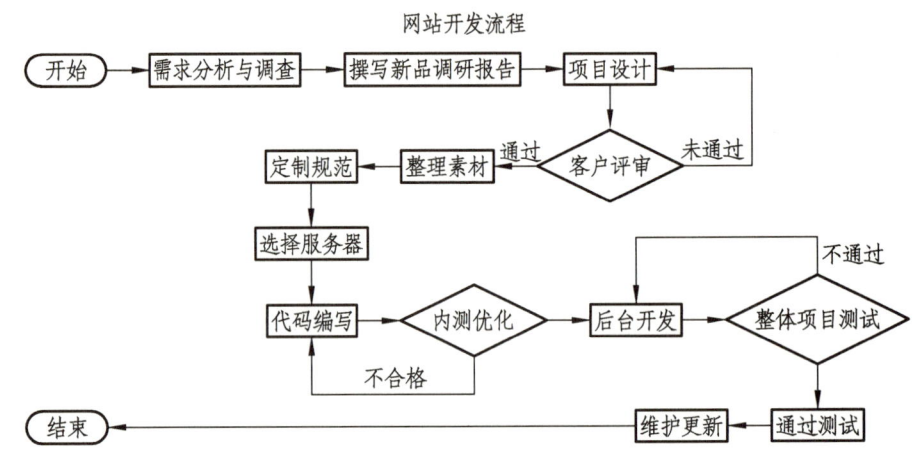

图 1.4.2 网站开发流程

（1）规划阶段。

网站规划需进行需求分析、网站策划。考虑站点目标、站点风格、相关技术因素和站点的信息构架。

（2）设计阶段。

网站设计主要包括导航设计、版式设计和主页设计。

（3）网站开发。

网站开发就是结合各种前端技术，将站点中的网页按照设计阶段的网页效果图制作出来。

（4）网站发布。

发布站点，用户需要向 ISP 申请网页空间，获取远程站点的基本信息，包括用户名、主机地址、用户密码等，并使用 FTP 工具进行上传，以便人们可以通过 Internet 进行访问。

（5）站点维护。

站点上传后，需不断修改和更新站点中的信息，才能吸引新的访问者和留住现有的访问者。

1.4.2 网站开发团队

一个正规的网站建设项目都需要一个网站设计团队共同协作完成。团队由承担不同角色的人组成。团队规模会随着网站项目大小而异。网站设计与开发需要很多角色，一般包括项目管理、系统分析、项目设计、文字编辑、网页设计、平面设计、动画设计、音乐设计、视频设计、程序开发、网站测试、后期培训和网站维护等。

网站开发人员有：项目经理、系统分析员、程序员、设计师、网站编辑、测试人员。各阶段人员职责如表 1.4.1 所示。

表 1.4.1　网站建设各阶段人员职责

前　期		中　期		后　期	
策　划	设　计	开　发	测　试	发　布	维　护
客户 项目经理 设计师	设计师 系统分析员	程序员	测试人员	程序员	网站编辑
前期调研需求分析 建站目的及功能定位	资料收集 规划草图 网站内容规划 网站技术解决方案	前端页面 制作 后端程序 设计	网站整合 网站测试	网站发布 推广运用	网站维护

✈ 任务实践

　　按照规范的开发流程，分组协作规划、设计一个"农产品电商"网站，运用所学绘制"农产品电商"首页页面设计草图。

探索训练

任务 1　用开发工具编写网页文件

　　要求：

　　（1）利用 Visual Studio Code 开发工具制作，创建"个人博客"站点文件夹。

　　（2）在根目录下创建 index.html 文件，并生成 HTML5 固定结构。

　　（3）在 body 标签中书写"个人简介"，保存后用浏览器打开观察。

模块小结

　　本模块介绍了网页的基础知识、网页的开发工具及网站开发的流程。通过练习，读者对网站开发有了全面的了解，能够搭建项目开发前的环境准备。

习题与实训

一、选择题

1. Web 标准是一系列标准的集合，主要包括（　　　　）。（多选）

　　A. 结构　　　　B. 行为　　　　C. 规范　　　　D. 表现

2. 网页文件的扩展名是（　　　　）。（多选）

　　A. htm　　　　B. css　　　　C. html　　　　D. js

3. Chrome 浏览器的内核为（　　　　）。

　　A. Webkit　　　B. Gecko　　　C. Trident　　　D. Presto

二、判断题

1. 在网站建设中，CSS 主要用于搭建页面结构，JS 用于设计页面样式，HTML 用于给页面添加动态效果。（　　　）

2. HTML 中文为超文本标记语言。（　　　）

3. 站点分为本地站点和远程站点。（　　　）

三、填空题

1. 在网站建设中，_____主要用于搭建页面结构，_____用于设计页面样式，JavaScript 用于给页面添加动态效果。

2. 网站开发流程由_____、_____、_____、_____、_____和_____6 个阶段组成。

四、实训

1. 以"乡村振兴推广农产品"为内容，进行资料收集。作为网页主题，撰写一个报告。

报告内容包括：

此网站的目标是什么？

此网站的观众是谁？

此网站包含哪些内容？

此网站的内容将如何组织？

模块二

网页中的图文展示

本模块制作助农网行业资讯图文新闻。

教学导航

教学目标	（1）掌握 HTML5 基本结构；
	（2）认识标签；
	（3）掌握常用文字标签、文本格式标签；
	（4）学会使用注释和转义符；
	（5）掌握网页中的音视频、图像标签；
	（6）熟练使用相对路径；
	（7）认识网页中常见单位
教学方法	任务驱动法、理实一体化、合作探究法
建议课时	4~8 课时

渐进训练

任务 1　前端学习路线

任务展示

前端学习路线文字排版效果如图 2.1.1 所示。

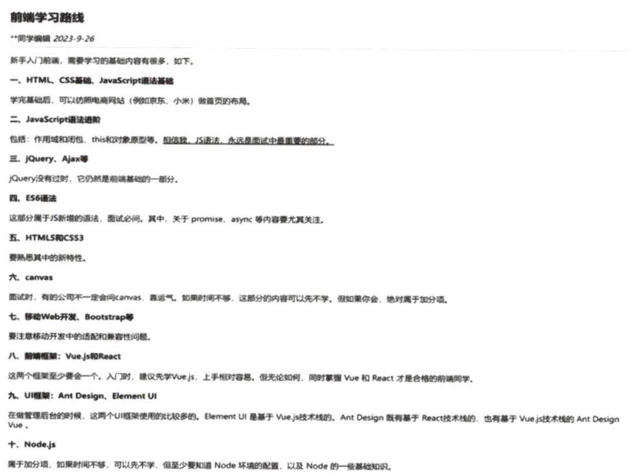

图 2.1.1　前端学习路线文字排版效果

2.1.1 HTML5 的文档结构

公文写作需要格式规范。同理，HTML 也有自己的语法格式，如图 2.1.2 所示。

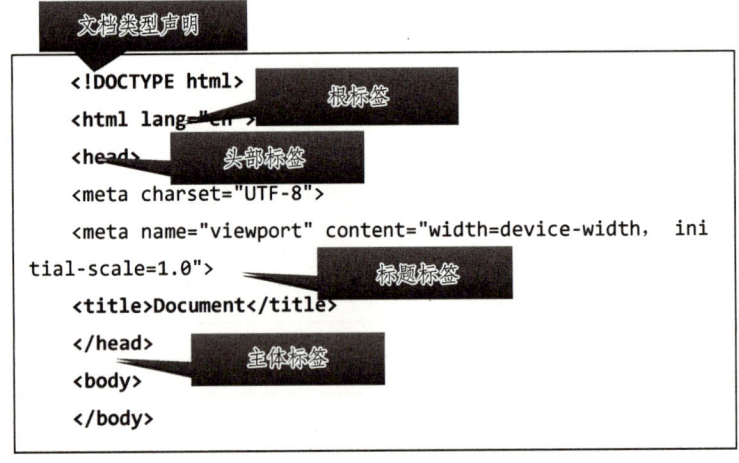

图 2.1.2　HTML 文档结构

2.1.2 HTML5 文档头部常见标签

（1）title 标签。

作用：给页面定义一个标题，即给网页取一个名字，如网站名（产品名）—— 网站介绍（建议不多于 30 个字）。

格式：<title>网页标题文字</title>

网页标题示例如图 2.1.3 所示。

图 2.1.3　网页标题

（2）meta 标签。

作用：用于定义页面元素的信息，可重复出现在<head>标签中。

格式：<meta name=" " content="值">

如设置字符集：

格式：<meta charset="UTF-8">

（3）link 引用外部文件标签。

Link 引用外部文件标签如表 2.1.1 所示。

表 2.1.1　link 标签

属性名	常用属性值	描　　述
href	URL	指定引用外部文档的地址
rel	stylesheet	指定当前文档与引用外部文档的关系，该属性值通常为 stylesheet，表示定义一个外部样式表
	icon	给网页标签前添加一个小图标
type	text/css	引用外部文档的类型为 css 样式表
	text/javascript	引用外部文档的类型为 javascript 脚本

如：<link rel="stylesheet" href="css/public.css">用于引入一个 CSS 文件，

<link rel="icon" href="./favicon.ico">用于引入一个网页标题图标等。

CSS 文件是美化结构样式的文件，那么什么是网页图标呢？

网页图标，也被称为浏览器图标或 favicon，是显示在浏览器标签页、书签栏和浏览器收藏夹中的小图标，如图 2.1.4 所示。网页图标可以提高网站的专业性和可识别性，使其在用户的书签列表中更易于识别。

图 2.1.4　网页图标

通常，网页图标的文件类型可以是".ico"或".png"。".ico"是 Windows 操作系统的图标文件格式，而.png 是一种透明背景的图片格式。

下面以引入 ico 图标进行说明，首先用户可以通过绘图软件自行设计或在网页上选择自己喜欢的图片作为网页，然后运用在线 ICO 生成工具，转换成 ico 格式，通常尺寸有 16*16，32*32，48*48，64*64。".ico"图标一般命名为"favicon.ico"，并存放在站点文件夹根目录下。

在网页代码<head>标签里输入：

<link rel="shortcuticon"href="/favicon.ico"/>

就完成了。

（4）style 内嵌样式标签。

格式：<style 属性="属性值">样式内容</style>

2.1.3　标签的分类

（1）双标签。

格式：<标签名>内容</标签名>

这里，<标签名>是"开始标签"，</标签名>是"结束标签"。

比如：<body>我是文字</body>

（2）单标签。

格式：<标签名/>

单标签，是指由一个标签符号组成，即可完整地描述某个功能的标签。

比如：
、<hr/>等。

标签关系

2.1.4 标签的关系

（1）嵌套关系。又叫作父子关系，示意如图 2.1.5 所示。

（2）并列关系。又叫作兄弟关系，示意如图 2.1.6 所示。

<head>
<title>
</title>
</head>

<head></head>
<body></body>

图 2.1.5　嵌套关系　　　图 2.1.6　兄弟关系

📣 提示

HTML 标签不区分大小写。

2.1.5 文字标签

（1）标题标签。

HTML 提供了 6 个等级的标题，即 <h1>、<h2>、<h3>、<h4>、<h5>和<h6>。作为标题使用，其重要性递减。

常用标签

格式：<hn> 标题文本 </hn>（n 代表数字 1 ~ 6）

标题标签如图 2.1.7 所示。

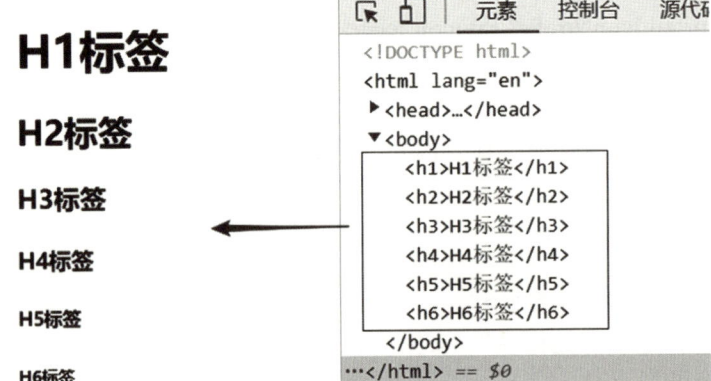

图 2.1.7　标题标签

注意：<h1> 标签常用作网站的 logo 部分，一个页面只能用一个<h1>。

（2）段落标签。

HTML 文档中最常见的标签，如同平常写文章一样，整个网页也可分若干段落。

格式：<p>文本文本</p>

（3）水平线标签。

它是一个单标签，用于定义 HTML 页面中的主题变化（比如话题的转移），并显示为一条水平线。

格式：<hr/>

（4）换行标签。

它是一个单标签。

格式：

注意：在网页中直接敲回车键，换行是不起作用的。

2.1.6 文本格式化标签

在网页中，有时需要为文字设置粗体、斜体或下划线效果，这时就需要用到 HTML 中的文本格式化标签，如表 2.1.2 所示，使文字以特殊的方式显示。

文本格式化标签

表 2.1.2 文本格式化标签

标签名	显示效果
<b>和<strong>	文字以粗体方式显示（推荐使用 strong）
<i>和<em>	文字以斜体方式显示（em 定义着重文字）
<s>和<del>	文字以加删除线方式显示（del 定义删除字）
<u>和<ins>	文字以加下划线方式显示（ins 定义插入字）
<small>	定义小号字
<sub>	定义下标字
<sup>	定义上标字

2.1.7 注释

<!--...--> 注释标签用来在源文档中插入注释。注释是不被程序执行的代码，用于程序员标记代码，帮助自己和他人理解，以提高代码的可读性。对关键代码的注释是一个良好的习惯，在开发网站或者开发功能模块时，代码的注释尤其重要。示例及解析效果如图 2.1.8、2.1.9 所示。

注释的快捷键 ctrl+/；

2.1.8 转 义 符

转义字符也称字符实体。在 HTML 中，定义转义字符的原因有两个：第一个原因是如"<"">"这类符号已经用来表示 HTML 标签，因此就不能直接当作文本中的符号来使用。为了在 HTML 文档中使用这些符号，就需要定义它的转义字符。当解释程序遇到这类字符时就把它解释为真实的字符。在输入转义字符时，要严格遵守字母大小写的规则；第二个原因是，有些字符在 ASCII 字符集中没有定义，因此需要使用转义字符串来表示。常用的几个转义字符串如表 2.1.3 所示。

表 2.1.3　常用转义符

特殊字符	描述	转义符
	空格	
<	小于符号	&lt;
>	大于符号	&gt;
&	和号	&amp
¥	人民币	&yen;
©	版权	&copy;
®	注册商标	&reg;
2	平方（上标2）	&sup2;
3	立方（上标3）	&sup3;

```
<body>
    <!-- 使用转义符书写，在网页显示段落标记 -->
    段落标签是：&lt;p&gt;
</body>
```

图 2.1.8　注释和转义符的使用代码

段落标签是：<p>

图 2.1.9　浏览器解析效果

🔹 **任务实践**

（1）新建网页文件 201.html。

（2）!号生成 HTML5 结构。

（3）运用所学，进行编辑排版，效果见图 2.1.1，结构分析如图 2.1.10 所示，部分代码如表 2.1.4 所示。

🔹 **小贴士**

① 在编辑器中，只需要输入标签名+回车键，快速补全标签。

② 页面需要多个相同标签时，用户可以用标签名*标签数量，快速生成。

如：p*3 然后按 tab 键或者回车键生成：

```
<p></p>
<p></p>
<p></p>
```

③ 如果是并列关系，可以用加号连接。

④ 如果是嵌套关系，可以用大于符号连接。

如：h2+p>i 回车快速生成：

```
<h2></h2>
<p>   <i> </i>   </p>
```

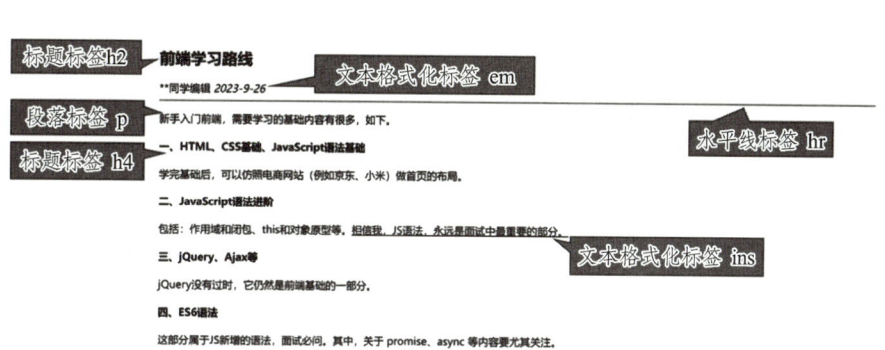

图 2.1.10　任务 201 结构分析

表 2.1.4　任务 201 部分代码

序号	HTML 代码
01	\<h2\>前端学习路线\</h2\>
02	**同学编辑　\<em\>2023-9-26\</em\>
03	\<hr\>
04	\<p\>新手入门前端，需要学习的基础内容有很多，如下:\</p\>
05	\<h4\>一、HTML、CSS 基础、JavaScript 语法基础\</h4\>
06	\<p\>学完基础后，可以仿照电商网站（例如京东、小米）做首页的布局。\</p\>
07	\<h4\>二、JavaScript 语法进阶\</h4\>
08	\<p\>包括：作用域和闭包、this 和对象原型等。
09	\<ins\>相信我，JS 语法，永远是面试中最重要的部分。\</ins\>
10	\</p\>
11	\<h4\>三、jQuery、Ajax 等\</h4\>
12	\<p\>jQuery 没有过时，它仍然是前端基础的一部分。\</p\>
13	……

任务 2　传统节日中秋节页面的制作

📡 任务展示

传统节日中秋节效果图如图 2.2.1 所示。

中国传统节日 ———— 中秋节

中秋节简介

中秋节，农历八月十五，我国的传统节日之一。关于节日起源有很多种传说和传统。中秋节与春节、清明节、端午节并称为中国汉族的四大传统节日。自2008年起中秋节被列为国家法定节假日。2006年5月20日，该节日经国务院批准列入第一批国家级非物质文化遗产名录。中秋节有许多的游戏活动，首先是玩花灯。中秋是我国三大灯节之一，当然，中秋没有像元宵节那样的大型灯会，玩灯主要只是在家庭、儿童之间进行的。在少数民族中同样盛行祭月、拜月的风习。

中秋节习俗

赏月

在中秋节，我国自古就有赏月的习俗，《礼记》中就记载有"秋暮夕月"，即祭拜月神。到了周代，每逢中秋夜都要举行迎寒和祭月。设大香案，摆上月饼、西瓜、苹果、李子、葡萄等时令水果，其中月饼和西瓜是绝对不能少的。西瓜还要切成莲花状。在唐代，中秋赏月、玩月颇为盛行。在宋代，中秋赏月之风更盛，据《东京梦华录》记载："中秋夜，贵家结饰台榭，民间争占酒楼玩月"。每逢这一日，京城的所有店家、酒楼都要重新装饰门面，牌楼上扎绸挂彩，出售新鲜佳果和精制食品，夜市热闹非凡，百姓们多登上楼台，一些富户人家在自己的楼台亭阁上赏月，并摆上食品或安排家宴，团圆子女，共同赏月叙谈。

明清以后，中秋节赏月风俗依旧，许多地方形成了烧斗香、树中秋、点塔灯、放天灯、走月亮、舞火龙等特殊风俗。

吃月饼

我国城乡群众过中秋都有吃月饼的习俗，俗话中有："八月十五月正圆，中秋月饼香又甜"。月饼最初是用来祭奉月神的祭品，"月饼"一词，最早见于南宋吴自牧的《梦粱录》中，那时，它也只是象菱花饼一样的饼形食品。后来人们逐渐把中秋赏月与品尝月饼结合在一起，寓意家人团圆的象征。

月饼最初是在家庭制作的，清袁枚在《隋园食单》中就记载有月饼的做法。到了近代，有了专门制作月饼的作坊，月饼的制作越来越精细，馅料考究，外型美观，在月饼的外面还印有各种精美的图案，如"嫦娥奔月"、"银河夜月"、"三潭印月"等。以月之圆兆人之团圆，以饼之圆兆人之常生，用月饼寄托思念故乡，思念亲人之情，祈盼丰收、幸福，都成为天下人们的心愿，月饼还被用来当做礼品送亲赠友，联络感情。

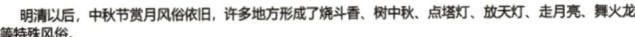

图 2.2.1　传统节日中秋节效果图

🚀 任务准备

2.2.1　图像标签

（1）常用图像格式。

① GIF 格式。GIF 最突出的之处就是它支持动画，同时 GIF 也是一种无损的图像格式，也就是说修改图片之后，图片质量几乎没有损失。再加上 GIF 支持透明（全透明或全不透明），因此很适合在互联网上使用。

② PNG 格式。PNG 包括 PNG-8 和真色彩 PNG（PNG-24 和 PNG-32）。相对于 GIF，PNG 最大的优势是体积更小，支持 alpha 透明（全透明，半透明，全不透明），并且颜色过渡更平滑，但 PNG 不支持动画。

③ JPG 格式。JPG 所能显示的颜色比 GIF 和 PNG 要多得多，可以用来保存超过 256 种颜色的图像，但是 JPG 是一种有损压缩的图像格式，这就意味着每修改一次图片都会造成一些图像数据的丢失。

（2）图像标签语法。

在网页中要想显示图像，就需要使用图像标签以及它的相关属性。图像标签的基本语法格式如下：

<img src="图像 URL">

图像标签的属性如表 2.2.1 所示。

图像标签

表 2.2.1　图像标签属性

属性	属性值	描述	
src	URL	图像文件的 URL	
alt	文本	图像不能显示时的替换文本	
title	文本	鼠标悬停时显示的内容	
width	pixels	设置图像的宽度	
height	pixels	设置图像的高度	
aglin	top、bottom、middle、left、right	规定根据周围的文本来排列图像	
hspace	pixels	规定图像左侧和右侧的空白	HTML5 不支持 HTML4 已废弃
vspace	pixels	规定图像顶部和底部的空白	
border	pixels	规定图像周围的边框	

2.2.2　音频标签

音频标签是一个双标签。其基本语法格式如下：

`<audio src= "音频文件 URL"> </audio>`

音频标签属性如表 2.2.2 所示，案例如图 2.2.2 所示。

表 2.2.2　音频标签属性

属性	属性值	描　述
src	URL	音频文件的 URL
autoplay	autoplay	出现该属性，则音频在就绪后马上播放
controls	controls	出现该属性，则向用户显示音频控件
loop	数字/loop	播放次数/循环播放
muted	muted	出现该属性，则音频输出为静音

部分浏览器考虑到用户体验，不允许自动带声音的音视频文件进行播放，如谷歌浏览器就是如此，所以可以设置音视频文件默认静音，就可以实现自动播放的效果了。

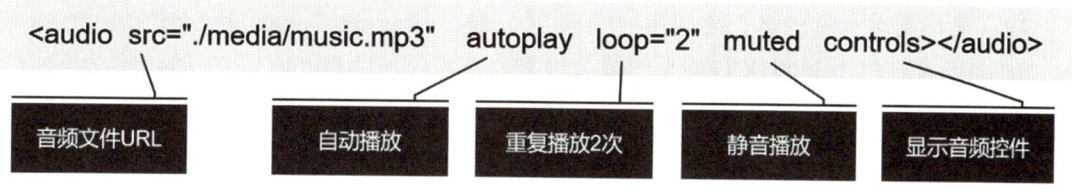

图 2.2.2　音频标签案例

2.2.3　视频标签

视频标签是一个双标签。其基本语法格式如下：

`<video src="视频文件 URL"> </video>`

视频标签属性如表 2.2.3 所示，案例如图 2.2.3 所示。

表 2.2.3　视频标签属性

属性	属性值	描　述
src	URL	视频文件的 URL
autoplay	autoplay	出现该属性，则视频在就绪后马上播放
controls	controls	出现该属性，则向用户显示视频控件
loop	数字/loop	播放次数/循环播放
muted	muted	出现该属性，则视频输出为静音
height	pixels	设置视频播放器的高度
width	pixels	设置视频播放器的宽度
poster	URL	视频正在下载时显示的图像，直到用户点击播放按钮

图 2.2.3　视频标签案例

2.2.4　路径

（1）相对路径。

相对路径不带有盘符，通常是以 HTML 网页文件为起点，通过层级关系描述目标图像的位置。

相对路径的三种情况：

路径

① 图像文件和 html 文件位于同一文件夹：

只需输入"./"+图像文件的名称即可，如<img src="./logo.gif" />。这里"./"表示当前根目录下，可以省略不写，直接写作 <img src="logo.gif" />

② 图像文件位于 html 文件的下一级文件夹：

输入文件夹名和文件名，之间用"/"隔开，如：<img src="imgs/logo.gif" />。

③ 图像文件位于 html 文件的上一级文件夹：

在文件名之前加入"../"表示返回上级目录，如果是上两级，则需要使用"../../"，以此类推，如：

<img src="../imgs/logo.gif" />

（2）绝对路径。

绝对路径一般是指带有盘符的路径，例如完整的网络地址"http://www. itcast.cn/images/logo.gif"，或者文件存放在计算机上，从盘符开始的路径，如 "c:\website\img\photo.jpg"。

📎 **小贴士**

绝对地址和相对地址中表示路径的斜杠"/"，方向是不同的，其中

"\"是本地磁盘开始绝对地址的表示方式；

"/"是相对地址中的表示方式。

2.2.5 网页中常用的单位

长度单位分为绝对单位和相对单位。

绝对单位定义的大小是固定的，使用的是物理度量单位，如表 2.2.4 所示，显示效果不会受到外界因素影响，一般用于传统的平面印刷，在前端开发中使用极少。

表 2.2.4 绝对单位

绝对单位	描述
cm	厘米
mm	毫米
in	英寸
pt	磅，印刷的点数
pc	pica，1pc = 12 pt

相对单位定义的大小不是固定的，一般相对其他长度而言，常用的相对单位如表 2.2.5 所示。

表 2.2.5 相对单位

相对单位	说 明
px	像素，是使用频率最高的单位
%	百分之百，以父元素作为参照点，10% = 父元素的百分之十
em	与 font-size 属性有关的单位，1em = "当前元素"1 个字的大小
rem	与 font-size 属性有关的单位，1em = "html 元素"1 个字的大小
vw	以浏览器窗口宽度为参照，1vw = 浏览器窗口宽度的 1%
vh	以浏览器窗口高度为参照，1vh = 浏览器窗口高度的 1%
vmax	与当前浏览器窗口宽度和高度的最大值或最小值相关
vmin	如果浏览器窗口宽高为 1200*800，那么 1vmax = 12px，1vmin = 8px

px 像素是指一张图片中最小的点，或者计算机显示屏中最小的点，如计算机屏幕分辨率指的是屏幕中像素点的个数，如 1080p 的分辨率共有 1920*1080 个像素，1px 就表示一个逻辑像素。

📎 **任务实践**

（1）在 VSCode 中，创建站点文件夹，准备好图片和视频文件夹，新建文件 202.html。

（2）运用所学，参考图 2.2.1 效果，进行"传统节日——中秋佳节"页面排版，结构分析如图 2.2.4 所示，代码如图 2.2.5 所示。

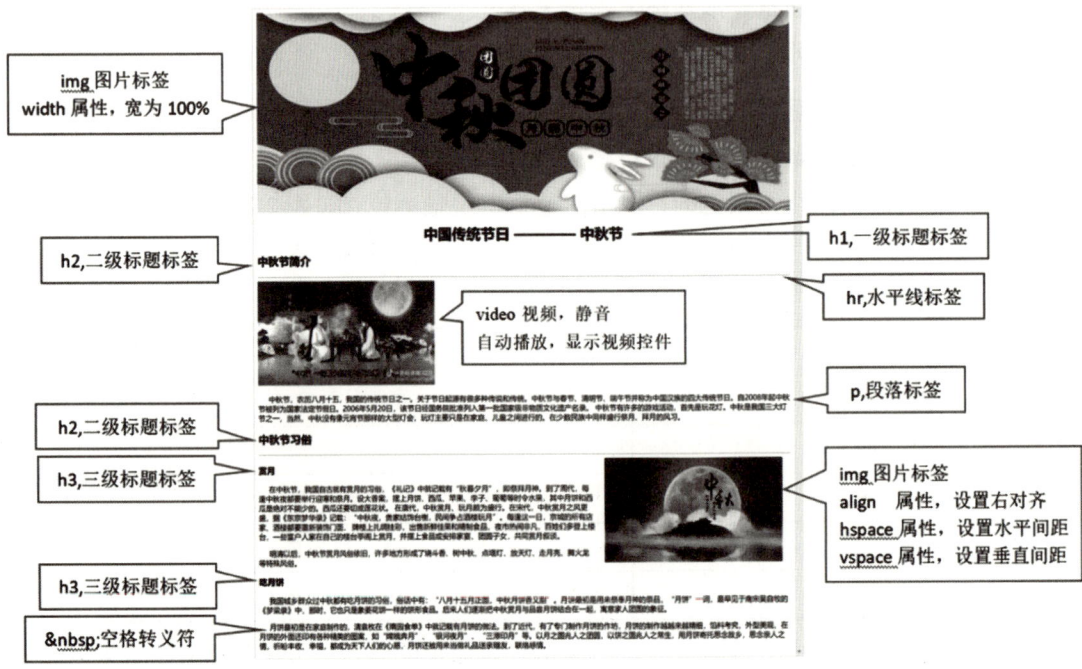

图 2.2.4　任务 202 结构分析

```html
<body>
    <img src="./imgs/top.jpg" alt="" width="100%">
    <h1 align="center">中国传统节日 ── 中秋节</h1>
    <h2>中秋节简介</h2>
    <hr>
    <video src="./video/zq.mp4" controls muted autoplay width="400"></video>
    <p>     中秋节，农历八月十五，我国的传统节日之一。关于节日起源有很多种传说和传统。中秋节与春节、清明节、端午
    节并称为中国汉族的四大传统节日。自2008年起中秋节被列为国家法定节假日。2006年5月20日，该节日经国务院批准列入第一批国家级非物质文化
    遗产名录。 中秋节有许多的游戏活动，首先是玩花灯。中秋是我国三大灯节之一，当然，中秋没有像元宵节那样的大型灯会，玩灯主要只是在家
    庭、儿童之间进行的。在少数民族中同样盛行祭月、拜月的风习。 </p>
    <h2>中秋节习俗</h2>
    <hr>
    <img src="./imgs/zq-2.jpg" alt="" width="400" align="right" hspace="20">
    <h3>赏月</h3>
    <p>     在中秋节，我国自古就有赏月的习俗，《礼记》中就记载有"秋暮夕月"，即祭拜月神。到了周代，每逢中秋夜都
    要举行迎寒和祭月。设大香案，摆上月饼、西瓜、苹果、李子、葡萄等时令水果，其中月饼和西瓜是绝对不能少的。西瓜还要切成莲花状。 在唐
    代，中秋赏月、玩月颇为盛行。在宋时，中秋赏月之风更盛，据《东京梦华录》记载："中秋夜，贵家结饰台榭，民间争占酒楼玩月"。每逢这一日，
    京城的所有店家、酒楼都要重新装饰门面， 牌楼上扎绸挂彩，出售新鲜佳果和精制食品，夜市热闹非凡，百姓们多登上楼台，一些富户人家在自己
    的楼台亭阁上赏月，并摆上食品或安排家宴，团圆子女，共同赏月叙谈。</p>
    <p>     明清以后，中秋节赏月风俗依旧，许多地方形成了烧斗香、树中秋、点塔灯、放天灯、走月亮、舞火龙等特殊风
    俗。 </p>
    <h3>吃月饼</h3>
    <p>     我国城乡群众过中秋都有吃月饼的习俗，俗话中有："八月十五月正圆，中秋月饼香又甜"。月饼最初是用来祭奉
    月神的祭品，"月饼"一词，最早见于南宋吴自牧的《梦粱录》中，那时，它也只是象菱花饼一样的饼形食品。后来人们逐渐把中秋赏月与品尝月饼结
    合在一起，寓意家人团圆的象征。 </p>
    <p>     月饼最初是在家庭制作的，清袁枚在《隋园食单》中就记载有月饼的做法。到了近代，有了专门制作月饼的作坊，
    月饼的制作越来越精细，馅料考究，外型美观，在月饼的外面还印有各种精美的图案，如"嫦娥奔月"、"银河夜月"、"三潭印月"等。以月之圆兆人
    之团圆，以饼之圆兆人之常生，用月饼寄托思念故乡，思念亲人之情，祈盼丰收、幸福，都成为天下人们的心愿，月饼还被用来当做礼品送亲赠友，
    联络感情。 </p>
</body>
```

图 2.2.5　任务 202 代码

探索训练

任务 1 设计编写图文新闻

要求：

（1）查看国家关于乡村振兴战略相关介绍，收集素材。

（2）运用所学，编写助农网——行业资讯图文新闻。

（3）可参考图 2.1，进行仿写。

目前，文字居中可以使用 **align="center"** 属性（已废弃），
~~只后，推荐用 CSS 实现~~

目前，使图片居中，添加 **center** 标签（已废弃），

图 2.1 参考乡村振兴文章图文排版

模块小结

本模块介绍了 HTML5 的基本结构、标签的分类、常用的文字标签、文本格式化标签和多媒体标签及路径。通过练习，读者能够对网页中的图文和多媒体素材进行排版展示，能够准确使用转义符和注释。

习题与实训

一、选择题

1. HTML 标记中用于定义文档要显示的内容，放在（   ）。

    A. head 标签　　　　B. body 标签　　　　C. title 标签　　　　　D. html 标签

2. HTML 标签分为（   ）。（多选）

    A. 单标签　　　　　B. 双标签　　　　　C. 三标签　　　　　　D. 多标签

3. HTML 结构主要有哪几个标签组成？（   ）（多选）

    A. html　　　　　　B. body　　　　　　C. head　　　　　　　D. title

4. 用于文字倾斜显示的标签有（   ）。（多选）

    A. i　　　　　　　　B. em　　　　　　　C. ins　　　　　　　　D. u

5. 用于文字加粗的标签有（   ）。（多选）

    A. b　　　　　　　　B. del　　　　　　　C. strong　　　　　　D. 标题标签

6. （   ）标签是段落标签，一般用于存放文字（   ）。

    A. h1　　　　　　　B. p　　　　　　　　C. hr　　　　　　　　D. br

7. 下列属性中，用于设置鼠标悬停时图像的文字小贴士信息是（   ）。

    A. title　　　　　　B. alt　　　　　　　C. width　　　　　　　D. src

8. 下面的选项中，支持透明的图像格式是哪一项（   ）。

    A. gif　　　　　　　B. png　　　　　　　C. jpg　　　　　　　　D. jpeg

9. 创建链接时（   ）路径主要用于本地链接（   ）。

    A. 完整　　　　　　B. 局部　　　　　　C. 相对　　　　　　　D. 绝对

10. HTML 代码< img >表示（   ）。

    A. 添加一个图像

    B. 排列对齐一个图像

    C. 设置围绕一个图像的边框的大小

    D. 加入一条水平线

11. 下列转义符哪一个表示空格。（   ）

    A. <　　　　　B. >　　　　　C. 　　　　　D. &;

12. 下面那个用来进行 HTML 注释。（   ）（多选）

    A. //　　　　　　B. <!-- -->　　　　C. /* */　　　　　D. ctrl+/

二、判断题

1. 网页标题标签放在 head 标签里的 title 标签中。（   ）

2. HTML 标签不区分大小写。（　　　　）

3. 标签关系有嵌套关系和并列关系，也成为了父子关系和兄弟关系。（　　　　）

4. 一个 HTML 文档只能含有一对 body 标记，且 body 标记必须在 html 标记内。（　　　　）

5. del 标签用于给文字添加下划线。（　　　　）

6. HTML 中提供了 7 个等级的标题标签，分别是 h1~h7。（　　　　）

7. 同级目录可以用 ./ 表示当前根目录下，也可以省略不写。（　　　　）

8. 返回上级目录，相对路径用 ../ 表示。（　　　　）

三、填空题

1. <img>标签表示一个图像信息，它有一个必须要指定的_____属性，用来选择路径。

2. 网页中常见的图片格式有 jpg 格式、_____格式和 gif 格式。

四、实训

1. 编辑一篇介绍家乡美景/美食的页面，参考图 2.2。

2. 编写一页，我喜爱的音乐页面，参考图 2.3。

图 2.2　推广家乡旅游

图 2.3　音乐欣赏页面

模块三

网页中超链接的应用

本模块实现助农网个人中心页面。

教学导航

教学目标	（1）知道什么是超链接；
	（2）掌握链接标签不同属性和属性值的使用；
	（3）熟练使用链接标签实现页面与页面之间的跳转；
	（4）掌握锚点的运用场景；
	（5）掌握传统布局标签 div 和 span 的特点；
	（6）能运用结构标签对页面结构进行划分
教学方法	任务驱动法、理实一体化、合作探究法
建议课时	4~6 课时

渐进训练

任务 1　中国传统节日介绍页面

任务展示

中国传统节日介绍页面如图 3.1.1 所示。

图 3.1.1　中国传统节日多页面跳转

🧭 **任务准备**

3.1.1　超链接的概念

超链接是指在一个网页或者文档中，通过可点击的文本、图片或其他对象，将用户引导到另一个网页或者文档的链接。它是互联网中最基本的连接方式之一。通过超链接，用户可以在不同的网页之间进行跳转，实现不同网页之间的互联互通。

3.1.2　超链接标签

超链接用<a></a>标记环绕需要被链接的对象即可。

语法格式如下：

<a href = "跳转目标" target= "目标窗口的打开方式" > 文本或图像</a>

属性：

href：指定链接目标的 URL，即要跳转的页面 URL 为必要属性。

title：悬停文字，即鼠标放置上面的描述。

target：告诉浏览器用什么方式打开目标页面，target 属性如下：

　　_self：在同一个页面中显示为默认值。

　　_blank：在新的窗口中打开页面。

链接标签

💡 **小贴士**

如果要想在网页中所有链接都使用新窗口打开，可以在 head 标签内添加<base target="_blank" />动手试一试。

链接分类

3.1.3　超链接的分类

链接分类如图 3.1.2 所示。

```
1.外部链接：
如:<a href="http://www.baidu.com">百度</a>
2.内部链接:网站内部页面之间的相互链接，直接链接内部页面名称即可。
如:<a href="index.html">首页</a>
3.空链接：当没有确定链接目标时。
如：<a href="#">跳转</a>
4.下载链接：如果herf里面地址是一个文件(.doc、.exe等)或者压缩包（.zip），
会下载这个文件。
如：<a href="helloWord.doc">下载</a>
5.网页中各网页元素（文本、图像、表格、音频、视频等）都可以添加超链接。
如：<a href="http://www.cqie.cn"><img src="kc.jpg"></a>
6.锚点链接：点击链接，可以快速定位到页面中的某个位置
```

图 3.1.2　链接分类

3.1.4　传统布局标签

（1）div 标签。

<div>标签用于定义 HTML 文档中的一个分隔区块或者一个区域部分，没有具体的含义，元素独占一行，默认情况下，宽度与父元素相同，高度和内容一致，经常与 CSS 一起

使用，用来布局网页。

输入：　<div>div1</div>
　　　　　<div>div2</div>
　　　　　<div>div3</div>
　　　　　<div>div4</div>

✈ 小贴士

此处也可以通过快捷方式：div{div$}*4 按 tab 键或回车键快速生成，{ } 表示标签内部内容，$ 符号表示数字从 1 开始递增。

例如：p{你好$}*3
生成：<p>你好 1</p>
　　　　<p>你好 2</p>
　　　　<p>你好 3</p>

显示效果如图 3.1.3 所示。

div1
div2
div3
div4

图 3.1.3　div 显示效果图

（2）span 标签。

<span>标签用于对文档中的行内元素进行组合，没有具体的含义，元素的所占空间（即宽高）是根据 span 内部内容的多少、大小来确定的，不需要独占一行显示。

输入　<span>span1</span>
　　　　<span>span2</span>
　　　　<span>span3</span>
　　　　<span>span4</span>
或　span{span$}*4
显示效果如图 3.1.4 所示。

span1 span2 span3 span4

图 3.1.4　span 显示效果图

3.1.5　HTML5 结构语义化标签

所谓语义化标签就是使用含有具体意义的词语作为标签。从网页的布局来说，一般会分成几个区域，如头部、地图、标题等等，在 HTML5 之前都是使用 div、span 添加不同的样式来区分。HTML5 之后就对这块做了优化，使用了含有具体意义的词语来表示对应的布局模块。

HTML5 新增结构语义标签如表 3.1.1 所示。

表 3.1.1　HTML5 新增结构语义标签

标签	描　述
<header>	定义一个文档的头部/网页头部
<nav>	定义导航链接
<main>	定义文档的主体部分/一个页面一个 main
<section>	定义了文档的某个区域
<article>	定义了一个文章内容
<aside>	定义和主体相关的其他内容/侧边栏
<figure>	定义独立的网页内容，如图像、表格、照片代码等
<figcaption>	用来为 <figure> 元素定义标题
<footer>	定义了一个文档底部/网页底部

语义化标签的优点比较明显：

（1）在丢失样式的情况下，也能让页面呈现清晰的结构。

（2）有利于搜索引擎的抓取，对 SEO 良好，爬虫可以根据不同的标签来分析关键字，提升权重。

（3）开发体验良好，可读性更强，后期维护效率更高。

（4）方便其他设备解析。

注意：IE 8 或更早版本的 IE 浏览器不支持这一部分标签。

小贴士

良好的命名规范可以为团队合作开发网站提供帮助。在网站开发和网站维护方面都起到至关重要的作用。命名规范是一种约定，也是程序员之间进行良好沟通的桥梁。

任务实践

（1）在 VSCode 中，创建站点文件夹，准备好素材资源文件夹，新建文件 301.html。

（2）参考图 3.1.5 效果分析图，先写出结构语义化标签，再进行排版页面。

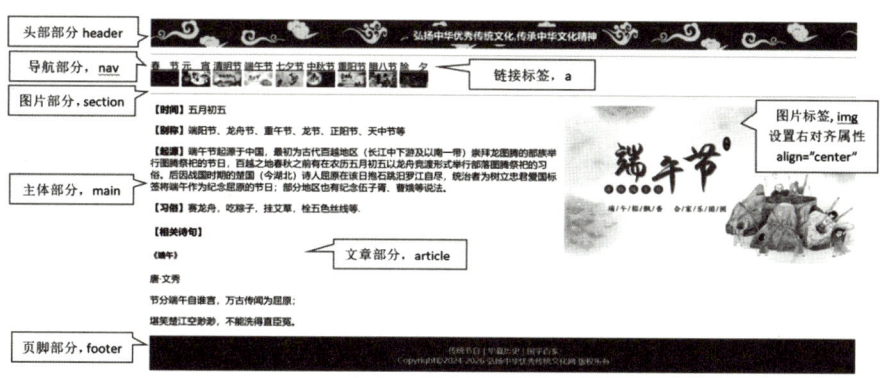

图 3.1.5　中国传统节日——端午节页面结构分析

（3）写好一个页面后，多复制几个页面，然后对差异内容进行修改，实现各个节日页面之间的相互跳转。

中国传统节日——端午节页面 HTML 代码如表 3.1.2 所示。

表 3.1.2　中国传统节日——端午节页面 HTML 代码

序号	HTML 代码
01	`<header><img src="./imgs/header.jpg" width="100%"></header>`
02	`<hr>`
03	`<nav>`
04	`<a href="./cj.html">春　节</a>`
05	`<a href="./yx.html">元　宵</a>`
06	`<a href="./qmj.html">清明节</a>`
07	`<a href="./dwj.html">端午节</a>`
08	`<a href="./qxj.html">七夕节</a>`
09	`<a href="./zqj.html">中秋节</a>`
10	`<a href="./cyj.html">重阳节</a>`
11	`<a href="./lbj.html">腊八节</a>`
12	`<a href="./cx.html">除　夕</a>`
13	`</nav>`
14	`<section>`
15	`<img src="./imgs/1.jpg" width="48px;">`
16	`<img src="./imgs/2.jpg" width="48px;">`
17	`<img src="./imgs/4.jpg" width="48px;">`
18	`<img src="./imgs/5.jpg" width="48px;">`
19	`<img src="./imgs/6.jpg" width="48px;">`
20	`<img src="./imgs/8.jpg" width="48px;">`
21	`<img src="./imgs/9.jpg" width="48px;">`
22	`<img src="./imgs/11.jpg" width="48px;">`
23	`<img src="./imgs/13.jpg" width="48px;">`
24	`</section>`
25	`<hr>`
26	`<main>`
27	`<img src="./imgs/5.jpg" align="right" width="500px;">`
28	`<p><b>【时间】</b>五月初五</p>`
29	`<p><b>【别称】</b>端阳节、龙舟节、重午节、龙节、正阳节、天中节等</p>`
30	`<p><b>【起源】</b>端午节起源于中国,最初为古代百越地区(长江中下游及以南一带)`
31	崇拜龙图腾的部族举行图腾祭祀的节日,百越之地春秋之前有在农历五月初五以龙舟竞
32	渡形式举行部落图腾祭祀的习俗。后因战国时期的楚国(今湖北)诗人屈原在该日抱石跳
33	汨罗江自尽,统治者为树立忠君爱国标签将端午作为纪念屈原的节日;部分地区也有纪念
34	伍子胥、曹娥等说法。`</p>`

"春""节"之前的空格
是全角状态的空格
相当于间隔一个字的距离

续表

35	<p>【习俗】赛龙舟，吃粽子，挂艾草，拴五色丝线等。</p>
36	<article>
37	<h4>【相关诗句】</h4>
38	<h5>《端午》</h5>
39	<p>唐·文秀</p>
40	<p>节分端午自谁言，万古传闻为屈原；</p>
41	<p>堪笑楚江空渺渺，不能洗得直臣冤。</p>
42	</article>
43	</main>
44	<footer> <img src="./imgs/footer.jpg" width="100%"> </footer>

任务 2　电视剧剧情介绍页面的制作

📣 任务展示

电视剧剧情介绍首页如图 3.2.1 所示。

西游记

剧情简介

《西游记》是由中国中央电视台、中国电视剧制作中心、铁道部第十一工程局联合录制的25集古装神话剧，改编自明代吴承恩同名文学名著，由杨洁执导，戴英禄、杨洁、邹忆青共同编剧，六小龄童、徐少华、迟重瑞、汪粤、马德华、闫怀礼领衔主演，李世宏、李扬、张云明、里坡、闫怀礼、马德华、张涵予、张潮担任主要配音。

该剧讲述的是孙悟空、猪八戒、沙僧辅助保护大唐高僧玄奘去西天取经，师徒四人一路跋涉涉险，降妖伏怪，历经八十一难，取回真经，终成正果的故事。

选集

第01集 第02集 第03集 第04集 第05集 第06集 第07集 第08集 第09集 第10集
第11集 第12集 第13集 第14集 第15集 第16集 第17集 第18集 第19集 第20集
第21集 第22集 第23集 第24集 第25集

分集剧情

第01集 猴王初问世

在东胜神州傲来国海滨的花果山顶有一块仙石。一日，仙石轰然进裂，惊天动地，化出了一个石猴。这石猴灵敏聪慧，他交结群猴，在水帘洞找到安家的好所在，群猴尊石猴为美猴王。美猴王为寻找长生不老的仙方，独自驾筏，漂洋过海，来到一所渔村。他抬得衣衫，偷来鞋帽，并去饭馆饮酒吃面，闹了许多笑话，也学了几分人样。猴王一路寻访，终于登上灵台方寸山，在斜月三星洞拜见了菩提祖师。祖师为他取名孙悟空。

…… ……

返回选集

图 3.2.1　电视剧剧情介绍首页

锚点链接

任务准备

3.2.1 锚点的概念

锚点是文档中某行的一个记号，类似于书签，用于链接到文档中的某个位置。当定义了锚点后，用户可以创建直接跳至该锚点（比如页面中某个小节）的链接，这样使用者就无需不停地滚动页面来寻找其所需要的信息了。

3.2.2 锚点链接的使用

锚点链接的创建分为两步：

第一步：给标注跳转定位的目标创建 id 并命名，注意名字可以用英文或者拼音或者字母加数字组合，不要使用中文命名；

第二步：使用锚点链接定义跳转位置<a href="#id 名">"链接的文本"</a>创建链接文本，href 指定链接目标的 id，id 名具有唯一性。

示例如图 3.2.2 所示。

1.第一步给标注跳转定位的目标创建id并命名

　　<h3 id="top">走进新时代</h3>

2.第二步使用锚点链接定义跳转位置<a href="#id名">"链接的文本"</a>创建链接文本（被点击的）

　　<a href="#top">返回顶部</a>

图 3.2.2　锚点的使用

如果锚点定位的位置需要跨页面，那么书写时，先写对应页面文件的 URL 再跟 id 名。

如：<a href="../index.html#top"> 返回 </a> 意思是定位到首页页面 id 名为 top 的标签位置。

任务实践

（1）在 VSCode 中，创建站点文件夹，准备好素材资源文件夹，新建文件 302.html。

（2）语义格式化文本，图文排版。

（3）在文中创建锚点链接快速到达对应分集剧情。

（4）"另外一个页面的第 6～10 集"锚点定义到另一个 html 文件中的对应位置。

（5）点击文字"返回选集"可以回到主菜单。

剧情介绍效果见图 3.2.1，部分代码如表 3.2.1 所示。

表 3.2.1　302 任务部分代码

序号	HTML 代码
01	<h1>西游记</h1>
02	<h3>剧情简介</h3>
03	<p>《西游记》是由中国中央电视台、中国电视剧制作中心、铁道部第十一工程局联
04	合录制的 25 集古装神话剧，改编自明代吴承恩同名文学名著，由杨洁执导、戴英禄、杨
05	洁、邹忆青共同编剧，六小龄童、徐少华、迟重瑞、汪粤、马德华、闫怀礼领衔主演，李
06	世宏、李扬、张云明、里坡、闫怀礼、马德华、张涵予、张潮担任主要配音。</p>

07	`<p>` 该剧讲述的是孙悟空、猪八戒、沙僧辅助保护大唐高僧玄奘去西天取经，师徒四
08	人一路抢滩涉险，降妖伏怪，历经八十一难，取回真经，终成正果的故事。`</p>`
09	`<hr />`
10	`<img src="images/01.jpg" alt="" align="center" height="300px">`
11	`<h3 id="xj">`选集`</h3>`
12	`<nav>`
13	`<a href="#xy01">` 第 01 集`</a>`
14	`<a href="#xy02">` 第 02 集`</a>`
15	`<a href="#xy03">` 第 03 集`</a>`
16	`<a href="#xy04">` 第 04 集`</a>`
17	`<a href="#xy05">` 第 05 集`</a>`
18	`<a href="#xy06">` 第 06 集`</a>`
19	`<a href="#xy07">` 第 07 集`</a>`
20	`<a href="#xy08">` 第 08 集`</a>`
21	`<a href="#xy09">` 第 09 集`</a>`
22	`<a href="#xy10">` 第 10 集`</a> `
23	`<a href="./11.html#xy11">` 第 11 集`</a>`
24	`<a href="./11.html#xy12">` 第 12 集`</a>`
25	`<a href="./11.html#xy13">` 第 13 集`</a>`
26	`<a href="./11.html#xy14">` 第 14 集`</a>`
27	`<a href="./11.html#xy15">` 第 15 集`</a>`
28	`<a href="./11.html#xy16">` 第 16 集`</a>`
29	`<a href="./11.html#xy17">` 第 17 集`</a>`
30	`<a href="./11.html#xy18">` 第 18 集`</a>`
31	`<a href="./11.html#xy19">` 第 19 集`</a>`
32	`<a href="./11.html#xy20">` 第 20 集`</a> `
33	`<a href="./21.html#xy21">` 第 21 集`</a>`
34	`<a href="./21.html#xy22">` 第 22 集`</a>`
35	`<a href="./21.html#xy23">` 第 23 集`</a>`
36	`<a href="./21.html#xy24">` 第 24 集`</a>`
37	`<a href="./21.html#xy25">` 第 25 集`</a>`
38	`</nav>`
39	`<h3>`分集剧情`</h3>`
40	`<h3 id="xy01">`第 01 集 猴王初问世`</h3>`
41	`<p>`在东胜神州傲来国海滨的花果山顶有一块仙石。一日，仙石轰然迸裂，惊天动地，
42	化出了一个石猴。这石猴灵敏聪慧，他交结群猴，在水帘洞找到了安家的好所在。群猴尊石
43	猴为美猴王。美猴王为寻找长生不老的仙方，独自驾筏，漂洋过海，来到一所渔村。他拾
44	得衣衫，偷来鞋帽，并去饭馆饮酒吃面，闹了许多笑话，也学了几分人样。猴王一路寻访，
45	终于登上灵台方寸山，在斜月三星洞拜见了菩提祖师。祖师为他取名孙悟空。

续表

46	`</p>`
47	`<p>... ...</p>`
48	`<a href="#xj">返回选集</a>`
49	`<h3 id="xy02">第 02 集 官封弼马温</h3>`
50	`<p>`龙王、阎王上玉帝处告状，玉帝派太白金星下界招抚猴王，请他上天作官。悟空
51	欣然前往，在武曲星君的捉弄下，玉帝封他做了弼马温。当悟空明白了自己不过是个马夫
52	后，大怒之下回转花果山，扯起大旗，自称齐天大圣。
53	`</p>`
54	`<p>... ...</p>`
55	`<a href="#xj">返回选集</a>`
56	...
57	
58	
59	

探索训练

任务 1　运用链接编写助农网个人中心页面

要求：观察各大电商平台个人中心页面，并尝试运用链接编写助农网个人中心页面（页面内容可以采取截图的方式进行展示）。

效果：点击左边的导航菜单，右边内容对应切换，可参考图 3.1。

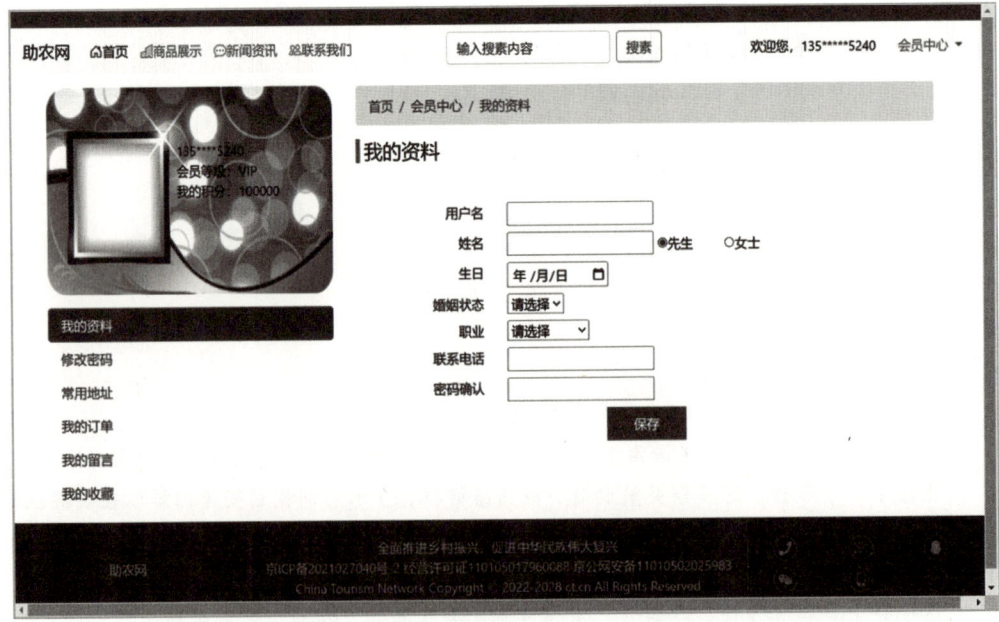

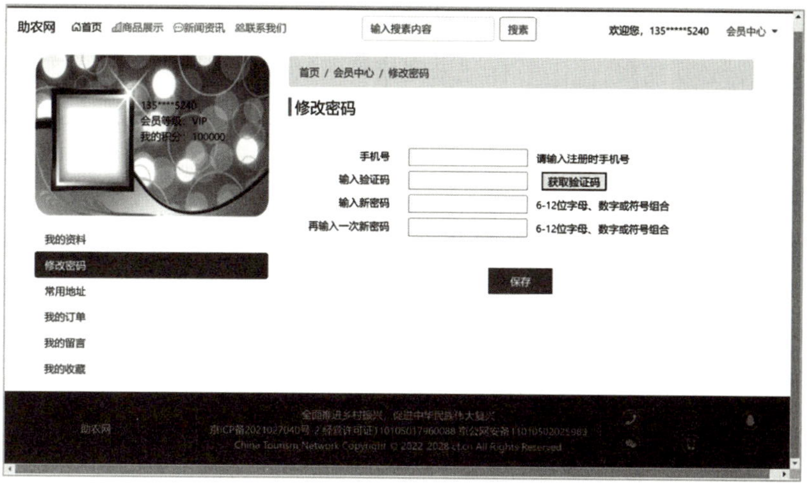

图 3.1　锚点的使用

模块小结

　　本模块主要讲解了超链接属性和属性值及锚点链接的使用。学习了传统布局标签和HTML5 结构语义化标签，通过实践，读者能够对网页结构使用正确的布局标签，不仅能在网页中使用超链接，还能实现同一页面定位跳转和跨页面的定位跳转，能对网页内容进行更加有效的布局，提高网页浏览的效率。

习题与实训

一、选择题

1. 设置链接在新的窗口打开，是 target 属性中的（　　　　）。

　　A. _self　　　　　　　B. _blank　　　　　　　C. _open

2. 链接标记中的 href 属性指定的是（　　　　）。

　　A. 链接的名称　　B. 链接的形状　　C. 链接的目标　　D. 链接的文档语言

3. 在 HTML 中，要定义一个空链接使用的标记是（　　　　）。

　　A. "#"　　　　　　　B. "?"　　　　　　C. " "　　　　　　　D. " ! "

二、判断题

1. 在超链接中，当 target 取值为"_self"，意为在原窗口中打开链接页面。（　　　）

2. 在 HTML 中创建超链接非常简单，只需用 a 标记环绕需要被链接的对象即可。（　　　）

3. 一个锚点链接可以对应页面中多处位置。（　　　）

4. 在 html 语言中，通过创建锚点链接，用户能够快速定位到目标内容。（　　　）

5. span 标签没有意义，内容独在一行显示。（　　　）

6. 结构语义化标签有利于搜索引擎的抓取，对 SEO 良好，爬虫可以根据不同的标签来分析关键字，提升权重。（　　　）

7. span 标签默认宽高就是内容的宽高，div 标签默认宽度是 100%。（　　　）

8. div 没有语义，一般和 CSS 搭配使用。（　　　）

三、填空题

1. 在网页中，必须使用 _____ 标记来完成超级链接。

2. HTML5 新增的结构语义化标签有 header、nav、_____、_____、_____、_____ 和 footer。

四、实训题

1. 制作家乡美食或美景的长图文简介，并创建超链接和锚点链接，参考图 3.2。

2. 观察百度百科人物介绍页面，尝试编写名人百度百科页面，参考图 3.3。

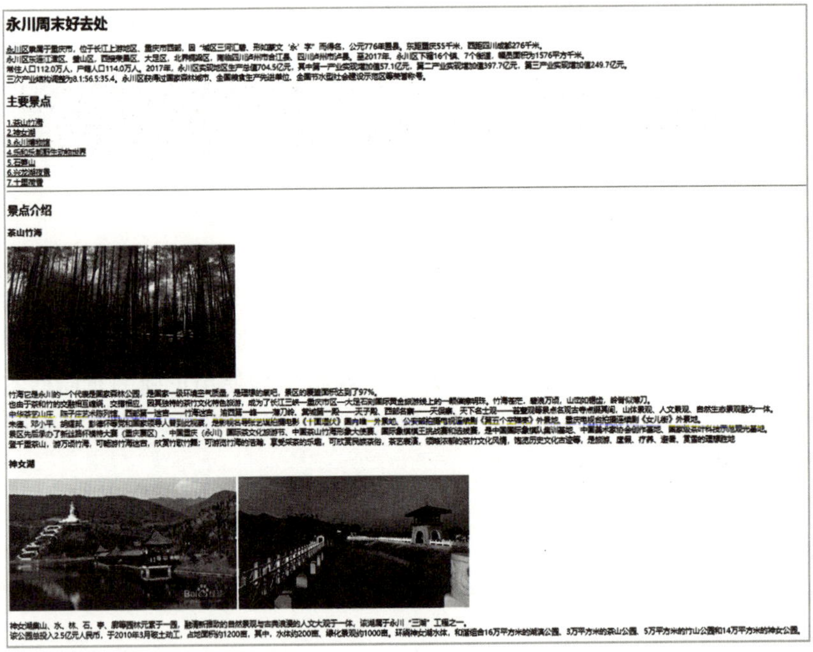

图 3.2　家乡景点页面

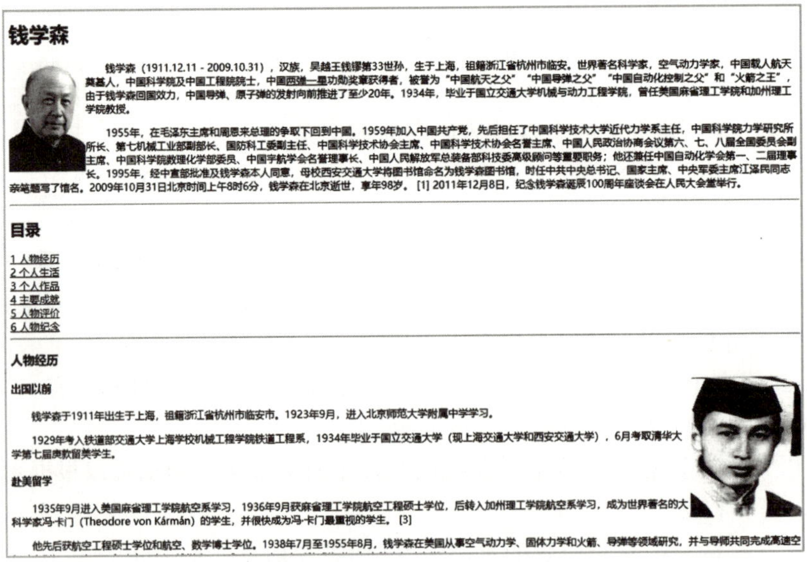

图 3.3　仿百度百科人物介绍页面

模块四

网页中列表的应用

本模块实现助农网三农信息资讯页面。

教学导航

教学目标	（1）了解列表的样式类型；
	（2）掌握新闻列表的制作方法；
	（3）能对列表进行嵌套使用；
	（4）会使用浏览器开发者工具查看网页元素；
	（5）会使用页面交互标签 details、summary、progress、meter
教学方法	任务驱动法、理实一体化、合作探究法
建议课时	4~6 课时

渐进训练

任务 1 新闻列表页的制作

任务展示

新闻资讯列表效果如图 4.1.1 所示。

| 热门资讯 |

- 五河县90后新农人的不躺平人生：...
- 幸福生活是奋斗出来的 ——— 郑喜香
- ★年销售50000万元，这位90后的"虾商"的魅力
- 为乡村振兴培养优秀人才，北大推出 ...

| 视频新闻 |

- ▶新疆吐鲁番：葡萄成熟 "甜蜜"产业越做越强
- ▶当好"火车头",跑出乡村振兴"加速度"
- ▶头雁 ——— 百炼成钢的电商达人
- ▶我的家乡我代言 ——— 一千年苗乡迎客来

图 4.1.1　新闻资讯列表

任务准备

4.1.1 无序列表

无序列表是指在列表中各个元素在逻辑上没有先后顺序的列表形式。大部分页面中的信息均可以使用无序列表来实现和描述。无序列表中的列表项用<li>标签进行表示，后期通过改变<ul>和<li>的样式外观即可设计出变化多端的导航。

基本语法：

<ul>

      <li>列表项 1</li>

      <li>列表项 2</li>

      <li>列表项 3</li>

      ...

    </ul>

无序列表

注意：

（1）无序列表拥有 type 属性，用于指定不同的列表项目符号，属性值及对应列表项目符号如表 4.1.1 所示，但是建议后期用 CSS 设置属性代替。

（2）在<ul></ul>中只能嵌套<li></li>，<li></li>里面可以嵌套其他的元素。

表 4.1.1　无序列表的 type 属性值及对应列表项目符号

type 属性值	列表项目符号	备注
none	不显示项目符号	
disc（默认值）	●	HTML5 不支持
circle	○	建议使用 CSS
square	■	

小贴士

这里 ul 和 li 标签是嵌套关系，在输入时用户可以输入"父元素>子元素"生成嵌套标签

如：ul>li*3

会生成：

<ul>

    <li> </li>

    <li> </li>

    <li> </li>

    </ul>

任务实践

（1）在 VSCode 中，创建站点文件夹，准备好素材资源文件夹，新建文件 401.html。

（2）根据提供的新闻列表素材制作成品，见图 4.1.1。

（3）练习在<ul>的<li>中插入图片和文字等其他标签。

（4）运用 style="list-style：none；"可以去掉 li 前面的小圆点。

（5）设置图片和文字对齐，可以在图片标签里设置对齐方式，如 style="vertical-align：middle"。

新闻列表练习代码如表 4.1.2 所示。

表 4.1.2　新闻列表页面 HTML 代码

序号	HTML 代码
01	<h3><img src="./images/col.png" height="24" style="vertical-align: middle;">热门资讯</h3>
02	<ul>
03	<li>五河县 90 后新农人的不躺平人生：... </li>
04	<li>幸福生活是奋斗出来的 —— 郑喜香</li>
05	<li>
06	<img src="./images/star.png" width="20" style="vertical-align:middle" >
07	年销售 50000 万元，这位 90 后的"虾商"的魅力
08	</li>
09	<li>为乡村振兴培养优秀人才，北大推出 ...</li>
10	</ul>
11	<h3><img src="./images/col.png" height="24" style="vertical-align: middle;">视频新闻</h3>
12	<ul style="list-style: none;">
13	<li>
14	<img src="./images/play.png" width="20" style="vertical-align:middle">
15	新疆吐鲁番："葡萄成熟 "甜蜜"产业越做越强
16	</li>
17	<li>
18	<img src="./images/play.png" width="20" style="vertical-align:middle" >
19	当好"火车头"，跑出乡村振兴"加速度"
20	</li>
21	<li>
22	<img src="./images/play.png" width="20" style="vertical-align:middle" >
23	头雁 —— 百炼成钢的电商达人
24	</li>
25	<li>
26	<img src="./images/play.png" width="20" style="vertical-align:middle">
27	我的家乡我代言 —— 一千年苗乡迎客来
28	</li>
29	</ul>

任务 2　新闻排行榜

任务展示

新闻排行部分效果如图 4.2.1 所示。

▼　点击排行

1. 电商进乡村,农货上链接

2. 做实消费帮扶 助力乡村振兴

3. 直播火了村超 电商甜了生活

4. 电商直播,"新农人"增收天地宽

5.【乡村行看振兴】特色产业激发乡村发展新活力

6.《新闻1+1》最佳旅游乡村,乡村振兴

7. 数字乡村建设也需要"量身定做"

▶ **热搜排行**
▶ **评论排行**

图 4.2.1　新闻排行部分

任务准备

4.2.1　有序列表

有序列表即为有排列顺序的列表,其中各个列表项按照一定的顺序排列,从上至下可以由编号 1、2、3、4、5 或 A.B.C.D.E 等形式进行排列。如名次排行、游戏排行、热搜排行等都可以用有序列表来定义。

对于有序列表元素来说,浏览器会从 1 开始自动对有序条目进行编号,如果需要使用其他类型的编号或从指定的编号上累计编号,可运用<ol>标签的 type 和 start 两个属性。

type:有五个属性值,有 1、a、A、i、I(罗马数字),表示列表前缀的格式;

start:属性值位数字,表示从 type 类型的第几个数字开始,比如当你选的 type="a",start="2",表示选择的是小写字母类型,从第三个字母 b 开始充当列表前缀。

有序列表用法与无序列表大致相同,其基本语法如下:

```
<ol>
        <li>列表项 1</li>
        <li>列表项 2</li>
        <li>列表项 3</li>
        ...
    </ol>
```

有序列表

有序列表的属性和属性值如表 4.2.1 所示。

表 4.2.1　有序列表的属性和属性值

属性	属性值	描　述
type	1（默认）	列表项目符号显示为："1.""2.""3." …
	a 或 A	列表项目符号显示为："a.""b.""c." …或 "A.""B.""C." …
	i 或 I	列表项目符号显示为："i.""ii.""iii." …或 "I.""II.""III." …
start	数字	用于指定全部列表项目符号的起始值
reversed	（无）	用于降序排列列表项

示例效果如图 4.2.2 所示，对应 HTML 代码如图 4.2.3 所示。

重庆网红景点排名

1. 洪崖洞：现实版千与千寻
2. 李子坝轻轨站：从房子中间直接穿过
3. 皇冠大扶梯：亚洲第一长扶梯
4. 来福士：80多层高，还是斜的

  i. 长江索道
 ii. 慈溪口
iii. 轻轨红土地站
iv. 民国街

h. 龙湖重庆时代天街
i. 朝天门大融汇
j. WFC-会仙楼观景台
k. 南坪龙门浩老街

```
<h2>重庆网红景点排名</h2>
<ol>
    <li>洪崖洞：现实版千与千寻</li>
    <li>李子坝轻轨站：从房子中间直接穿过</li>
    <li>皇冠大扶梯：亚洲第一长扶梯</li>
    <li>来福士：80多层高，还是斜的</li>
</ol>
<ol type="i">
    <li>长江索道</li>
    <li>慈溪口</li>
    <li>轻轨红土地站</li>
    <li>民国街</li>
</ol>
<ol type="a" start="8">
    <li>龙湖重庆时代天街</li>
    <li>朝天门大融汇</li>
    <li>WFC-会仙楼观景台</li>
    <li>南坪龙门浩老街</li>
</ol>
```

图 4.2.2　浏览器显示　　　　图 4.2.3　左图 HTML 代码

4.2.2　HTML5 页面交互标签

HTML5 中新增了一些页面交互标签，可以通过用户操作或图文展示为用户带来良好的体验，极大地丰富了网页内容的展现形式。

（1）<details>标签和<summary>标签。

<details> 标签是用来供用户开启关闭的交互式控件，任何形式的内容都能被放在 <details> 标签里边。<details> 标签与 <summary> 标签配合使用可以为 details 定义标题。标题是可见的，用户点击标题时，会显示出折叠的内容。

给<details> 标签添加 open 属性时，details 中的内容开启时不折叠显示。

details 案例代码及运行效果如表 4.2.2 所示。

表 4.2.2　details 案例代码及运行效果

	未添加 open 属性	添加 open 属性后

代码	`<details>`
	　　`<summary>`折叠列表`</summary>`
	　　`<ul>`
	　　`<li>`列表 1`</li>`
	　　`<li>`列表 2`</li>`
	　　`<li>`...`</li>`
	　　`</ul>`
	`</details>`
		`<details open>`
		　　`<summary>`折叠列表`</summary>`
		　　`<ul>`
		　　`<li>`列表 1`</li>`
		　　`<li>`列表 2`</li>`
		　　`<li>`...`</li>`
		　　`</ul>`
		`</details>`

运行效果	▶ 折叠列表	▼ 折叠列表 　● 列表1 　● 列表2 　● ...

（2）`<progress>`标签。

　　`<progress>`标签用来显示某个任务完成进度的指示器，一般用于表示进度条。一般结合 js 使用有动画效果。progress 属性如表 4.2.3 所示，其案例代码及运行效果如表 4.2.4 所示。

表 4.2.3　progress 属性

属性	值	描　述
max	number	规定需要完成的值
value	number	规定进程的当前值

表 4.2.4　progress 案例代码及运行效果

代　码	运行效果

下载进度：
`<progress value="22" max="100">`
`</progress>`
	下载进度： ▰▰▱▱▱

（3）`<meter>`标签。

　　`<meter>`标签定义已知范围或分数值内的标量测量，进度条默认是绿色，如果超出极值范围，进度条会变成黄色。meter 属性如表 4.2.5 所示，其案例代码及运行效果如表 4.2.6 所示。

表 4.2.5　meter 属性

属 性	值	描 述
high	number	规定被界定为高的极值的范围
low	number	规定被界定为低的极值的范围
max	number	规定范围的最大值
min	number	规定范围的最小值
optimum	number	规定度量的最优值
value	number	必需。规定度量的当前值

表 4.2.6　meter 案例代码及运行效果

代 码	运行效果
下载进度： <meter value="2" min="0" max="10"></meter> <meter value="0.6">60%</meter> <meter value="8.5" max="10" high="8"></meter> <meter value="3" max="10" low="5"></meter> <meter value="7" max="10" high="8" low="5" optimum="7"> </meter>	

🚀 任务实践

（1）在 VSCode 中，创建站点文件夹，准备好素材资源文件夹，新建文件 402.html。

（2）根据提供的新闻点击排行制作成品，见图 4.2.1，其 HTML 代码如表 4.2.7 所示。

表 4.2.7　新闻排行 HTML 代码

序号	HTML 代码
01	<details open>
02	<summary> 点击排行</summary>
03	<ol>
04	<li>电商进乡村，农货上链接
05	<progress value="91.84" max="100"></progress>
06	</li>
07	<li>做实消费帮扶 助力乡村振兴
08	<progress value="90.02" max="100"></progress>
09	</li>
10	...
11	<li>数字乡村建设也需要"量身定做"
12	<progress value="73.32" max="100"></progress>
13	</li>

续表

14	</ol>
15	</details>
16	<details>
17	<summary>热搜排行</summary>
18	</details>
19	<details>
20	<summary>评论排行</summary>
21	</details>

任务 3　页脚部分

任务展示

助农网底部列表如图 4.3.1 所示。

购物指南	配送方式	支付方式	售货服务
购物流程	上门自提	货到付款	售后政策
会员介绍	配送服务查询	在线支付	价格保护
常见问题	配送收费标准	分期支付	退款说明
联系客服		公司转账	取消订单

图 4.3.1　助农网底部列表

任务准备

4.3.1　定义列表

定义列表常用于对术语或名词进行解释和描述，由<dl> 与<dt>、<dd> 配合实现。<dt>充当列表的标题，<dd> 是对 <dt> 的解释说明。与无序列表、有序列表不同，定义列表的列表项前面没有任何的项目符号。

<dl></dl>用于定义列表，<dt></dt>和<dd></dd>并列嵌套在<dl></dl>中。一对<dt></dt>可对应多个<dd></dd>。

定义列表语法格式如下：

<dl>

   <dt>名词 1</dt>

   <dd>名词 1 解释 1</dd>

   <dd>名词 1 解释 2</dd>

  <dd>名词 1 解释 3</dd>

    …

</dl>

定义列表和列表嵌套

小贴士

这里 dl 和 dt，dl 和 dd 标签是嵌套关系，在输入时用户可以输入"父元素>子元素"生成嵌套标签。

　　dt 和 dd 是并列关系，可以使用"+"连接。

　　如：dl>dt{名词}+dt{解释$}*3

　　会生成：

```
<dl>
    <dt> 名词 </dt>
    <dd> 解释 1 </dd>
    <dd> 解释 2 </dd>
    <dd> 解释 3 </dd>
    </dl>
```

🚀**任务实践**

（1）在 VSCode 中，创建站点文件夹，准备好素材资源文件夹，新建文件 403.html。

（2）制作助农电商网底部列表，见图 4.3.1。

补充说明：

ul、li、ol、dl、dt、dd 这些标签特性都和 div 一样，默认和父元素一样宽，且独占一行，如果相同，效果图一样，需要与 CSS 一起使用。

　　助农网底部部分 HTML 代码如图 4.3.2 所示，默认未添加样式显示效果如图 4.3.3 所示。在本任务中，给 body 标签添加了 style（即 CSS 行内样式属性），运用了弹性盒布局改变了 dl 原独占一行的排列方式，gap 属性设置了 dl 之间的间距后，显示效果即为图 4.3.1。

序号	HTML 代码
01	`<body style="display: flex;gap:0 50px;">`
02	`    <dl>`
03	`        <dt><b>购物指南</b></dt>`
04	`        <dd>购物流程</dd>`
05	`        <dd>会员介绍</dd>`
06	`        <dd>常见问题</dd>`
07	`        <dd>联系客服</dd>`
08	`    </dl>`
09	`    <dl>`
10	`        <dt><b>配送方式</b></dt>`
11	`        <dd>上门自提</dd>`
12	`        <dd>配送服务查询</dd>`
13	`        <dd>配送收费标准</dd>`
14	`    </dl>`
15	`    … …`
16	`</body>`

图 4.3.2　页脚列表 HTML 代码

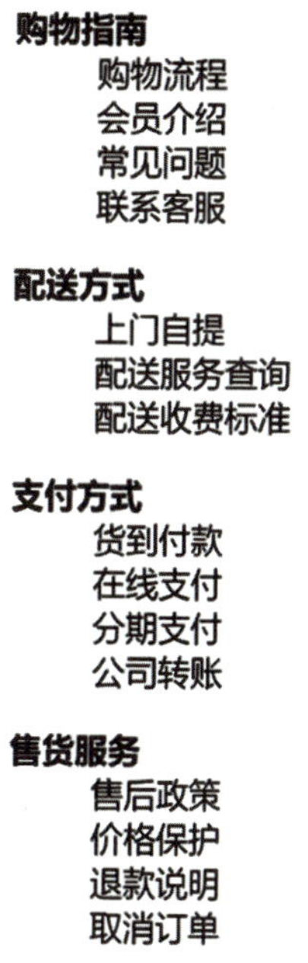

购物指南
　　购物流程
　　会员介绍
　　常见问题
　　联系客服

配送方式
　　上门自提
　　配送服务查询
　　配送收费标准

支付方式
　　货到付款
　　在线支付
　　分期支付
　　公司转账

售货服务
　　售后政策
　　价格保护
　　退款说明
　　取消订单

图 4.3.3　未添加样式显示效果

在使用列表时，列表项中也有可能包含若干子列表项，想要在列表项中定义子列表项就要用到列表嵌套。

📑 探索训练

任务 1　使用网页"开发者工具"，仿写网页

要求：

（1）上网观察各类网站，用鼠标右键选择检查或者点击功能键 F12，开启"开发者工具"，观察各类网站对列表标签的运用领域。示例如图 4.1 所示。

（2）选择感兴趣的内容尝试仿写。

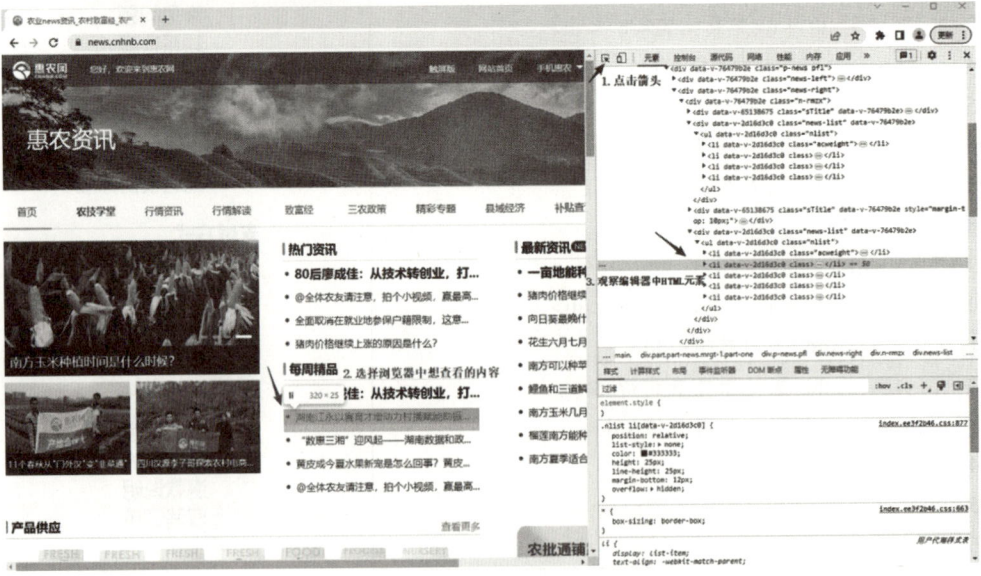

图 4.1　浏览器开发者工具的使用

模块小结

本模块主要讲解了列表标签的使用，通过实践，读者能掌握各类列表之间的区别，并灵活运用到将来的网页设计中，同时还可以通过开发者工具查看网页元素。

习题与实训

一、选择题

1. 更改有序列表的排列序号，使用属性是（　　　　）。

　　A. type　　　　　B. number　　　　　C. start　　　　　D. begin

2. list-style-type 定义列表前面的项目符号是空心圆的是（　　　　）。

　　A. circle　　　　B. none　　　　　C. square　　　　D. Disc

二、判断题

1. 无序列表前的小圆点，可以通过 type 属性进行修改，但是不能省略。（　　　）

2. ol 为有序列表，编号默认是 1，2，3… 不能进行更改。（　　　）

3. li 标签可以嵌套其他元素。（　　　）

4. ul/ol 的子元素只能包含 li 标签，不能有其他标签出现。（　　　）

5. ul 是无序列表，各个元素没有先后顺序的列表形式。（　　　）

三、实训题

1. 参考本书目录，梳理模块二知识点，运用列表知识点，编写代码，参考效果如图 4.2 所示。

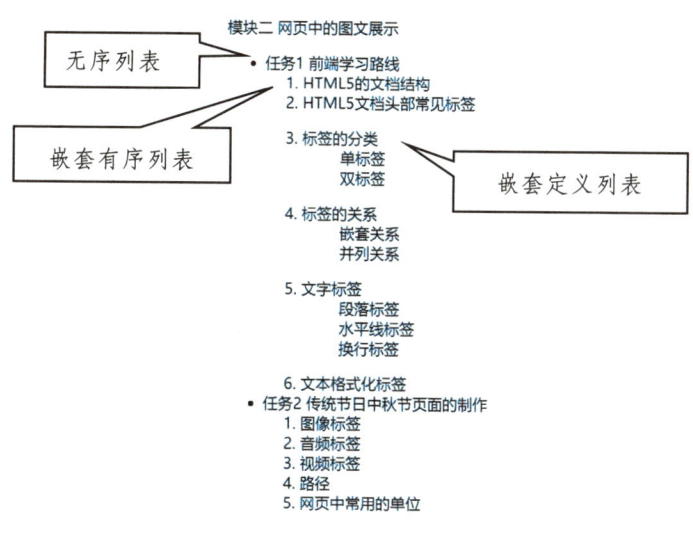

图 4.2　参考效果

模块五

网页中表格的应用

本模块实现助农网个人订单部分。

教学导航

教学目标	（1）掌握表格标签的语法和属性；
	（2）能够设置网页边框、单元格的内外边距设置；
	（3）能够对表格结构进行划分；
	（4）能够对表格单元格进行合并；
	（5）能用表格对网页进行布局
教学方法	任务驱动法、理实一体化、合作探究法
建议课时	4~8 课时

渐进训练

任务 1　农产品电商市场运行大数据图表

任务展示

农产品电商市场运行大数据图如图 5.1.1 所示。

互联网农产品电商市场运行大数据					
时间	产品/品种	所在产地	价格	升降	走势图
2024-01-29	羊肚菌	重庆市黔江区	565.17元/斤	0.18%	↗
2024-01-29	黑面菇	重庆市万州区	39.99元/斤	-	→
2024-01-29	黑木耳	重庆市沙坪坝区	15.63元/斤	0.6%	↗
2024-01-29	松茸	重庆市奉节县	101.33元/斤	-	→
2024-01-29	土蜂蜜	重庆市万州区	12元/斤	-	→

图 5.1.1　农产品电商市场运行大数据图

5.1.1　认识表格

在网页设计中，表格可以用来布局排版，进行网页的整体布局。在开始使用表格之前，本节首先对表格的各部分的名称进行介绍，如图 5.1.2 所示。正如 Word 中所讲述的表格一样，一张表格横向叫行，纵向叫列。行列交叉的部分就称为单元格。单元格是网页布局的最小单位。有时为了布局需要，可以在单元格内插入新的表格，有时可能需要在表格中反复插入新表格，以实现更复杂的布局。单元格中的内容和边框之间的距离称为边距。单元格和单元格之间的距离称为间距。整张表格的边缘称为边框。

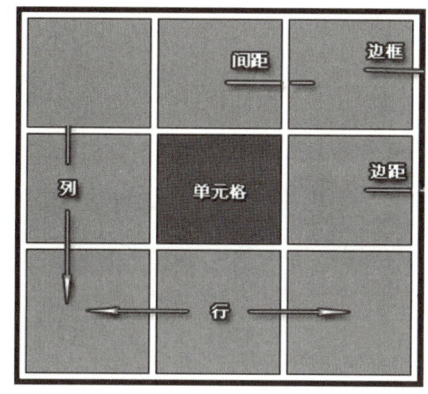

图 5.1.2　表格各部位名称

认识表格

利用<table>标记来告诉计算机定义一个表格，一级<tr>...</tr>是设定一个行，一级<td>...</td>则是设定一个列，文字就写在这里面。表格标签如表 5.1.1 所示。

表 5.1.1　表格标签

标签	描　　述
<table>	定义表格
<th>	定义表格的表头
<tr>	定义表格的行
<td>	定义表格单元
<caption>	定义表格标题
<thead>	定义表格的页眉
<tbody>	定义表格的主体
<tfoot>	定义表格的页脚

5.1.2　创建表格

表格是用于在页面上显示表格式数据以及对文本、图形进行布局的工具，可以控制文本和图形在页面上出现的位置。

创建一个表格并对表格设置基本参数，具体操作过程如下：

步骤 1：创建一个表格，代码结构如下：

创建表格

```
<table>
    <tr>
        <td>第 1 行第 1 个单元格内的文字</td>
    <td>第 1 行第 2 个单元格内的文字</td>

        ...
    </tr>

        ...
    <tr>
        <td>第 n 行第 1 个单元格内的文字</td>
        <td>第 n 行第 1 个单元格内的文字</td>

        ...
    </tr>

</table>
```

<table>用于定义一个表格。<tr>用于定义表格中的一行，必须嵌套在<table>标签中，在<table>中包含几对<tr>，就有几行表格。<td>用于定义表格中的单元格，必须嵌套在<tr></tr>标签中，一对<tr></tr>中包含几对<td></td>，就表示该行中有多少列（或多少个单元格）。

注意：

① <tr></tr>中只能嵌套<td></td>。

② <td></td>标签，就像一个容器，可以容纳所有的元素。

步骤 2：创建表格行列数。

按步骤 1 输入想要创建表格的行列数、表格宽度、边框粗细值、单元格边距和单元格间距的值，书写完各项属性值后，可编辑一个表格。如编辑一个 9 行 5 列的表格，可以在<table>标签里输入 tr*9>td*5，加 tab 键快速生成。

步骤 3：设置表格基本参数。

表格创建后，可以设置表格的宽度（width），高度（height），外边框（border）以及单元格和单元格之间的距离（cellspacing），内容与单元格之间的内边距（cellpadding）值。属性表 5.1.2 所示，但这些属性 HTML5 不支持，日后推荐表格样式用 CSS 元素进行编辑。

表 5.1.2　表格基础属性

属　性	常用属性值	描　述
align	left、center、right	规定表格相对周围元素的对齐方式
border	1（数字）	规定表格单元是否拥有边框
cellpadding	pixels	规定单元边沿与其内容之间的空白
cellspacing	pixels	规定单元格之间的空白
width	pixels、%	规定表格的宽度
Height	pixels、%	规定表格的高度

步骤 4：输入内容。

可以在单元格内插入文本或者图片元素。

5.1.3 表格结构的划分

表格结构划分为页眉部分、主体部分、页脚部分，其中页眉部分用 <thead></thead>定义，主体部分用<tbody></tbody>定义，页脚部分用 <tfoot></tfoot>定义。<caption></caption>定义表格标题。这些标签使表格结构更加清晰。

表格结构化

🚀 **任务实践**

（1）创建站点文件夹，准备好素材资源文件夹，新建一个名为 501.html 文件。

（2）创建一个 6 行 6 列的表格，输入内容，见图 5.1.1。

（3）给 table 标签添加属性：宽度为 800px、边框为 1、表格居中、单元格之间间距为 0。

（4）用 caption 添加表格标题，标题中放置图片，设置图片宽度为 100%。

（5）将表格划分为表头部分和表体部分，对结构标签添加属性，内容居中对齐。

（6）将表头行内单元格修改为表头单元格标签，效果分析图如图 5.1.3 所示。

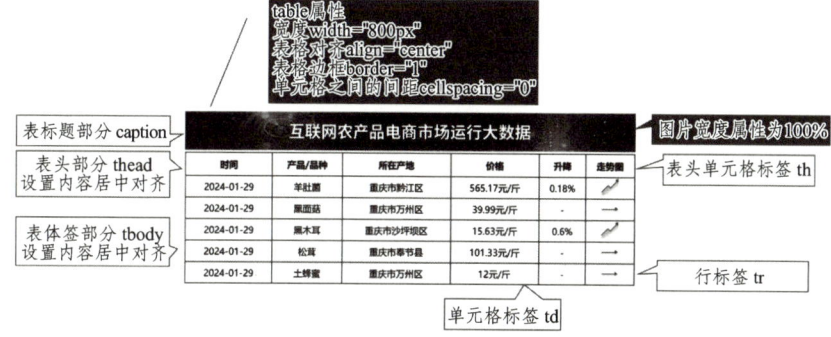

图 5.1.3　501 任务分析图

农产品电商市场运行图部分 HTML 代码如表 5.1.3 所示。

表 5.1.3　农产品电商市场运行图部分 HTML 代码

序号	HTML 代码
01	`<table width="800px" align="center" border="1" cellspacing="0">`
02	`<caption>`
03	`<img src="./image/header.jpg" width="100%">`
04	`</caption>`
05	`<thead align="center">`
06	`<tr height="40px">`
07	`<th>时间</th>`
08	`<th>产品/品种</th>`
09	`<th>所在产地</th>`
10	`<th>价格</th>`
11	`<th>升降</th>`
12	`<th>走势图</th>`

续表

13	</tr>	
14	</thead>	
15	<tbody align="center">	
16	<tr>	
17	<td>2024-01-29 </td>	
18	<td>羊肚菌 </td>	
19	<td>重庆市黔江区 </td>	第 1 行
20	<td> 565.17 元/斤</td>	
21	<td>0.18%</td>	
22	<td><img src="./image/up.png" alt=""></td>	
23	</tr>	
24	<tr>	
25	<td>2024-01-29</td>	
26	<td>黑面菇 </td>	
27	<td>重庆市万州区 </td>	第 2 行
28	<td>39.99 元/斤</td>	
29	<td>-</td>	
30	<td><img src="./image/level.png" alt=""></td>	
31	</tr>	
32	...	重复
33	</tbody>	
34	</table>	

任务 2　我的订单页面

✈ 任务展示

我的订单页面效果如图 5.2.1 所示。

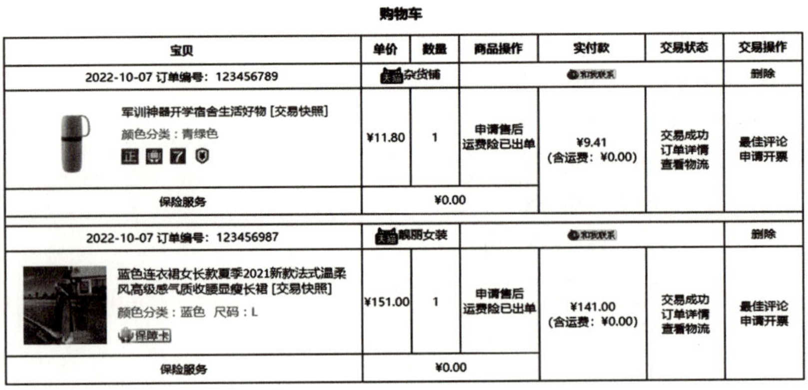

图 5.2.1　我的订单页面

 **任务准备**

以下为表格单元格的合并。

在网页中创建不规则的表格，就需要进行单元格合并。

合并的思想：首先确认的是合并方式（跨行还是跨列？），然后找到目标单元格书写单元格合并属性，最后删除多余的单元格。

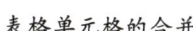

表格单元格的合并

（1）合并方式。

同一行内的合并，叫作跨列合并，用 colspan 属性。

同一列内的合并，叫作跨行合并，用 rowspan 属性。

（2）目标单元格的选择。

跨列合并时，本着从左到右的原则，目标单元格位于左侧第一个单元格。

跨行合并时，本着从上到下的原则，目标单元格位于上方第一个单元格。

（3）删除多余单元格。

删除个数永远比合并个数少一个。

例如：把 3 个 td 合并成一个，那就多余了 2 个，需要删除。

公式：删除的个数 = 合并的个数 − 1

合并的顺序：先上后下　先左后右

表格合并示例如图 5.2.2 所示。

跨行合并：rowspan="合并单元格的个数"
跨列合并：colspan="合并单元格的个数"

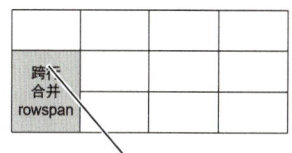 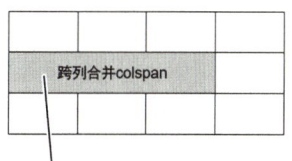

目标单元格：（写合并代码的单元格）　最左面的单元格为目标单元格
最上面的单元格为目标单元格

图 5.2.2　表格合并

 **任务实践**

（1）在 VSCode 中，创建站点文件夹，准备好素材资源文件夹，新建 502.html。

（2）创建一个 8 行 7 列的表格，见图 5.2.1，设置内容和格式。

（3）按如图 5.2.3 所示分析进行跨列合并 colspan 和跨行合并 rowspan。

（4）设置边框和表格在页面水平居中。

个人订单页面部分 HTML 代码如表 5.2.1 所示。

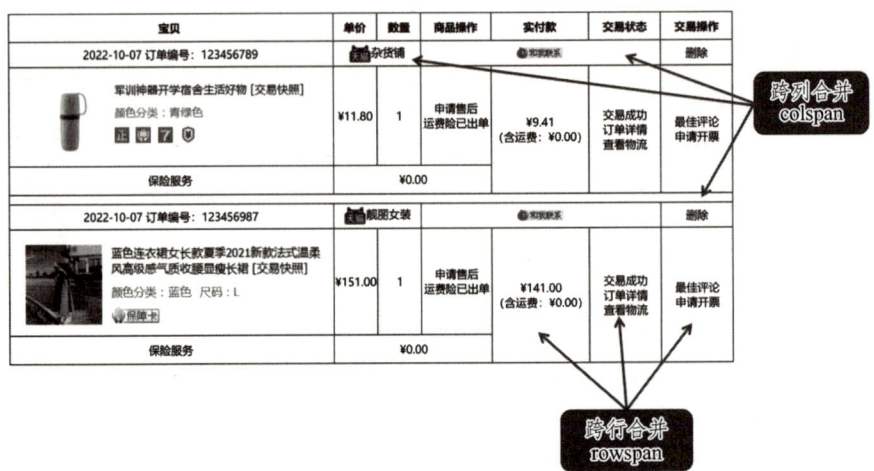

图 5.2.3　个人订单页面分析图

表 5.2.1　个人订单页面部分 HTML 代码

序号	HTML 代码
01	<table align="center" border="1" cellspacing="0">
02	<thead>
03	<tr style="height: 40px;">
04	<th>宝贝 </th>
05	<th>单价 </th>
06	<th style="width: 60px;">数量 </th>
07	<th style="width: 100px;">商品操作 </th>
08	<th>实付款 </th>
09	<th style="width: 100px;">交易状态 </th>
10	<th style="width: 100px;">交易操作 </th>
11	</tr>
12	</thead>
13	<tbody align="center">
14	<tr>
15	<td>2022-10-07 订单编号：123456789</td>
16	<td colspan="2">
17	<img src="./imgs/tm.png"　style="vertical-align: middle; ">
18	杂货铺</td>
19	<td colspan="3">
20	<img src="./imgs/taobao.gif" style="vertical-align: middle;">
21	</td>
22	<td>删除 </td>

续表

23	</tr>
24	<tr>
25	<td><img src="./imgs/6-1.jpg" ></td>
26	<td>&yen;11.80</td>
27	<td>1</td>
28	<td>申请售后
 运费险已出单</td>
29	<td rowspan="2">&yen;9.41
（含运费：&yen;0.00）</td>
30	<td rowspan="2">
31	交易成功
32	订单详情
33	查看物流
34	</td>
35	<td rowspan="2">最佳评论
申请开票</td>
36	</tr>
37	<tr style="height: 40px;">
38	<td>保险服务</td>
39	<td colspan="3">&yen;0.00</td>
40	</tr>
41	<tr>
42	<td colspan="7" style="height: 10px;"></td>
43	</tr>
44	<!-- 重复 14-44 行，编写第 2 个订单-->
45	...
46	</table>

探索训练

任务 1 运用表格进行布局，编写红色旅游网站首页

表格在网页中有两个作用：一是布局网页内容；二是组织相关数据，以行列的形式将数据罗列出来，结构紧凑，数据直观，因而在日常生活中，表格被大量使用，如工资表、工作报表、财务报表、数据调查表、电视节目表等都使用了表格组织数据。在 2008 年以前，表格最主要的用途就是布局网页内容。随着前端技术的不断发展，使用表格布局的弊端越来越明显，因而使用表格布局网页的方式已逐渐淘汰，现在布局网页的方式主要是使用 CSS + DIV +一些结构性标签。

HTML 中的表格可以通过使用<table>标签来创建。要在表格内部进行嵌套，只需将其他表格作为单元格（<td>或<th>）的子项添加到主表格中即可。

```
<table>
    <tr>
        <td colspan="3">
    <table>
        ...
    </table>
        </td>
    </tr>
    ...
</table>
```

这里可以通过表格、单元格合并和表格嵌套制作红色旅游布局页面,效果如图 5.1 所示。

图 5.1　表格布局红色旅游网

表格布局红色旅游网结构分析如图 5.2 所示。

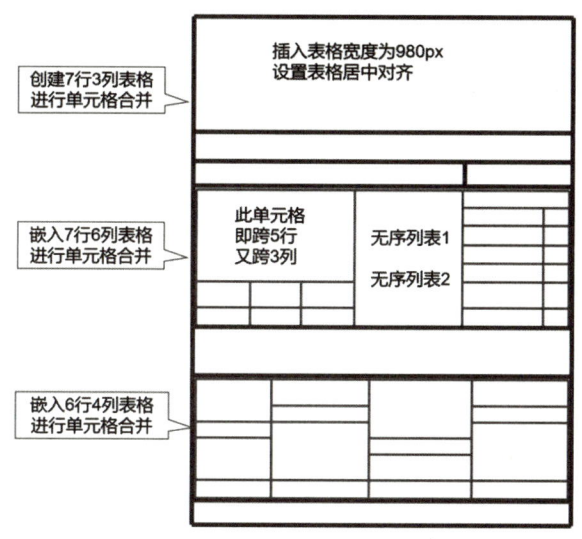

图 5.2　表格布局红色旅游网结构分析

模块小结

　　本模块主要讲解了运用表格标签及其属性和属性值进行网页布局，重点是掌握表格的基本操作及单元格合并。

　　通过练习，读者掌握表格创建和表格基本结构；能运用表格进行一般网页的页面布局、排版；能在表格插入图像和文字元素；完成网页中的一些常规布局工作等。同时在将来的网页设计中灵活运用表格的合并、对齐方式等。

习题与实训

一、选择题

1. 在 HTML 中，单元格的标记是（　　　　）。
　　A. <td>　　　　　　　　　B. <tr>
　　C. <tbody>　　　　　　　　D. <li>
2. 跨行合并是那个属性设置（　　　　）。
　　A. table　　　　B. rowspan
　　C. colspan　　　D. tr
3. 关于表格单元格合并跨行与跨列说法正确的是（　　　　）。（多选）
　　A. 单元格跨行定义 tr 的 rowspan 属性，跨列定义 td 的 colspan 属性
　　B. 如果要跨 2 行，设置 rowspan="2"
　　C. th 也支持跨行与跨列
　　D. table 支持不相邻的单元格跨行或跨列

4. 以下不属于表格标签的是（　　）。

    A. table   B. body

    C. th   D. thead

5. 阅读下面代码，以下说法正确的是（　　）。（多选）

```
<table>
    <tr>
        <td colspan="3">学生成绩</td>
    </tr>
    <tr>
        <td rowspan="2">刘振兴</td>
        <td >语文</td>
        <td >106</td>
    </tr>
    <tr>
        <td >数学</td>
        <td >106</td>
    </tr>
</table>
```

    A. 该表格是 3 行 1 列

    B. 该表格学生成绩跨 3 列

    C. 该表格学生姓名跨 2 行

    D. 该表格共有 5 个单元格

二、实训题

1. 实现如图 5.3 所示的影院排片表效果。

影城排片表

片名	类型	国别	片长	票价	影厅	放映时间
流浪地球	科幻	中国	125 分钟	70	泰山厅	14:10、16:30、18:50、21:10
				50	华山厅	11:30、14:10
长津湖	战争	中国	176 分钟	70	恒山厅	14:00、17:00、20:00、23:00
				50	嵩山厅	09:30、12:30、15:30
寻梦环游记	动画	美国	105 分钟	50	华山厅	09:50、11:10、14:00
正在热映	《流浪地球》《长津湖》《寻梦环游记》，欢迎来电预定：888888					
亲爱的影迷朋友们：电影开播前 10 分钟，开始检票！						

图 5.3　影城排片表效果图

2. 实现如图 5.4 所示的求职简历效果。

基本信息				
姓　名		性　别		照　片
出生年月		民　族		
籍　贯		政治面貌		
身　高		体　重		
婚姻状况		专　业		
E_mail		联系电话		
求职意向及获得奖项				
获得证书				
应聘岗位				
求职类型		月薪要求		
教育背景				
毕业院校				
最高学历				

图 5.4　求职简历效果图

模块六

CSS3 美化页面

本模块实现助农网关于我页面。

教学导航

教学目标	（1）了解 CSS 的作用，掌握 CSS 样式规则；
	（2）掌握 CSS 样式表的引入方式，能够在网页中引入 CSS 样式；
	（3）掌握 CSS 各类选择器的用法，并能灵活应用设置网页样式；
	（4）掌握字体样式属性的用法，能够在网页中设置不同的字体样式；
	（5）掌握文本外观属性的用法，能够在网页中设置不同的文本样式；
	（6）了解 CSS 继承性、层叠性的特点，能够运用优化网页结构代码；
	（7）掌握 CSS 优先级的特点，能对优先级排序、根据需求提升权重；
	（8）掌握元素显示模式，并能实现不同类型元素模式的转换
教学方法	任务驱动法、理实一体化、合作探究法
建议课时	10~14 课时

渐进训练

任务 1　网站简介部分

任务展示

网站简介示例如图 6.1.1 所示。

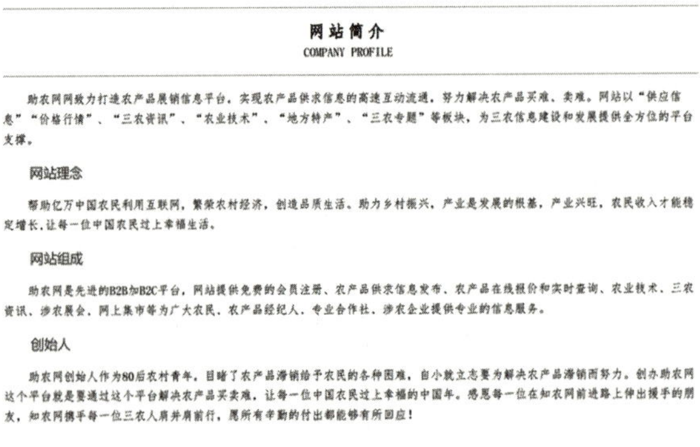

网 站 简 介
COMPANY PROFILE

助农网网致力于打造农产品展销信息平台，实现农产品供求信息的高速互动流通，努力解决农产品买难、卖难。网站以"供应信息"、"价格行情"、"三农资讯"、"农业技术"、"地方特产"、"三农专题"等板块，为三农信息建设和发展提供全方位的平台支撑。

网站理念

帮助亿万中国农民利用互联网，繁荣农村经济，创造品质生活、助力乡村振兴，产业是发展的根基，产业兴旺，农民收入才能稳定增长，让每一位中国农民过上幸福生活。

网站组成

助农网是先进的B2B加B2C平台，网站提供免费的会员注册、农产品供求信息发布、农产品在线报价和实时查询、农业技术、三农资讯、涉农展会、网上集市等为广大农民、农产品经纪人、专业合作社、涉农企业提供专业的信息服务。

创始人

助农网创始人作为80后农村青年，目睹了农产品滞销给予农民的各种困难，自小就立志要为解决农产品滞销而努力。创办助农网这个平台就是要通过这个平台解决农产品买卖难题。让每一位中国农民过上幸福的中国。愿意每一位在知农网前进路上伸出援手的朋友，知农网携手每一位三农人廊并肩前行，愿所有辛勤的付出都能够有所回应！

图 6.1.1　网站简介

6.1.1　CSS 概述

CSS 通常称为 CSS 样式表或层叠样式表（级联样式表），主要用于设置 HTML 页面中的文本内容（字体、大小、对齐方式等）、图片的外形（宽高、边框样式、边距等）以及版面的布局等外观显示样式。分为行内样式（内联样式）、内部样式表、外部样式表（外链式）。

初识 CSS

CSS 以 HTML 为基础，提供了丰富的功能，如字体、颜色、背景的控制及整体排版等，而且还可以针对不同的浏览器设置不同的样式。

6.1.2　CSS 书写位置

（1）行内样式。

行内样式又称为内联式、行间样式、内链式。是通过标签的 style 属性来设置元素的样式，其基本语法格式如下：

<标签名　style="属性 1：属性值 1；属性 2：属性值 2；"> 内容 </标签名>

语法中<style>是标签的属性，实际上任何 HTML 标签都拥有 style 属性，用来设置行内样式。其中属性和值的书写规范与 CSS 样式规则相同，行内样式只对其所在的标签及嵌套在其中的子标签起作用。

（2）内部样式。

内部样式又称为内嵌式，是将 CSS 代码集中写在 HTML 文档的<head>头部标签中，并且用 style 标签定义，其基本语法格式如下：

```
<head>
<style >
    选择器 {
            属性 1:属性值 1;
            属性 2:属性值 2;
            ...
            }
</style>
</head>
```

CSS 书写位置

（3）外部样式。

外部样式即链入式，是将所有的样式放在一个或多个以".CSS"为扩展名的外部样式表文件中，通过<link>标签将外部样式表文件链接到 HTML 文档中，其基本语法格式如下：

```
<head>
    <link href="CSS 文件的路径"   rel="stylesheet" />
</head>
```

注意：

该语法中，link 标签为单标签，需要放在 head 头部标签中，并且必须指定 link 标签的三个属性，具体如下：

href：定义所链接外部样式表文件的 URL，可以是相对路径，也可以是绝对路径。

type：定义所链接文档的类型，在这里需要指定为"text/CSS"，表示链接的外部文件为 CSS 样式表。

rel：定义当前文档与被链接文档之间的关系，在这里需要指定为"stylesheet"，表示被链接的文档是一个样式表文件。

CSS 样式表命名参考如表 6.1.1 所示。

表 6.1.1　CSS 样式表命名参考

名称	说明	名称	说明	名称	说明
master.css	主要的	hemes.css	主题	mend.css	补丁
module.css	模块	olumns.css	专栏	print.css	打印
base.css	基本共用	font.css	文字	forms.css	表单
layout.css	布局、版面				

CSS 三种样式表区别如表 6.1.2 所示。

表 6.1.2　CSS 样式表区别

样式表	优点	缺点	使用情况	控制范围
行内样式表	书写方便，权重高	没有实现样式和结构相分离	较少	控制一个标签
内部样式表	部分结构和样式相分离	没有彻底分离	较多	控制一个页面
外部样式表	完全实现结构和样式相分离	需要引入	最多	控制整个站点

6.1.3　CSS 样式规则

使用 HTML 时，需要遵从一定的规范。CSS 亦如此，要想熟练地使用 CSS 对网页进行修饰，首先需要了解 CSS 样式规则，具体格式如下：

（1）选择器用于指定 CSS 样式作用的 HTML 对象，大括号内是对该对象设置的具体样式。

（2）属性是对指定的对象设置的样式属性，例如字体大小、文本颜色等。

CSS 书写规范

（3）属性和属性值之间用英文"："连接。

（4）多个属性之间用英文"；"进行分开。

CSS 样式规则说明如图 6.1.2 所示。

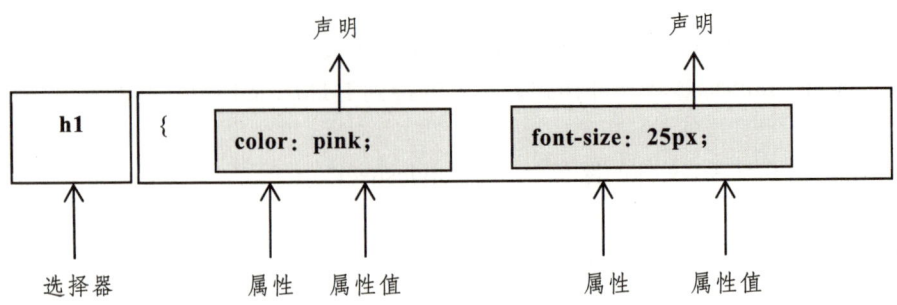

图 6.1.2　CSS 样式规则

6.1.4　CSS 代码风格

（1）样式书写。

① 紧凑格式。如：

h3 { color: deepskyblue; font-size; 20px; }

② 展开格式。如：

h3 {

　　　color：deepskyblue;

　　　font-size: 20px;

}

（2）空格规范。

如：

h3 {

　　　color：deepskyblue;

　　　font-size: 20px;

}

① 属性值前面，冒号后面，保留一个空格。

② 选择器（标签）和大括号中间保留一个空格。

（3）样式大小写。

如：

h3 {

　　　color：deepskyblue;

　　　font-size: 20px;

}

H3 {

　　　COLOR：DEEPSKYBLUE;

　　　FONT-SIZE: 20PX;

}

一般情况下，选择器、属性名、属性值全部都用小写字母，特殊情况除外。

6.1.5　CSS 基础选择器

选择器的作用：根据不同需求把不同标签选出来，CSS 只有选对了标签才可以设置标签的样式。

（1）标签选择器（元素选择器）。

标签选择器是指用 HTML 标签名称作为选择器，按标签名称分类，为页面中某一类标签指定统一的 CSS 样式。其基本语法格式如下：

标签名 {属性 1：属性值 1； 属性 2：属性值 2； 属性 3：属性值 3； }

标签选择器

标签选择器最大的优点是能快速为页面中同类型的标签统一样式，缺点是不能设计差异化样式。

（2）类名选择器。

类选择器使用"·"（英文点号）进行标识，后面紧跟类名，其基本语法格式如下：

·类名 {属性1：属性值1； 属性2：属性值2； 属性3：属性值3；}

标签调用的时候用 class="类名"即可。类选择器最大的优势是可以为元素对象定义单独或相同的样式，可以设置一个或者多个标签。

命名规则：

① 长名称或词组可以使用中横线"-"来为选择器命名，不建议使用"_"下划线来命名 CSS 选择器。

② 不要纯数字、中文等命名，尽量使用英文字母来表示。

③ 驼峰命名法：每个单词的首字母大写，例如 "myClassName"。

④ 命名一定要有意义，尽量让别人能知道类名的目的。

具体可以参考书中附录2。

多类名选择器：

用户可以给标签指定多个类名，从而达到更多的选择目的。

下面以实际开发使用场景（图 6.1.3）说明：

① 把标签元素相同的样式放在一个类里面。

② 调用公共类，再调用单个标签独有样式类名。

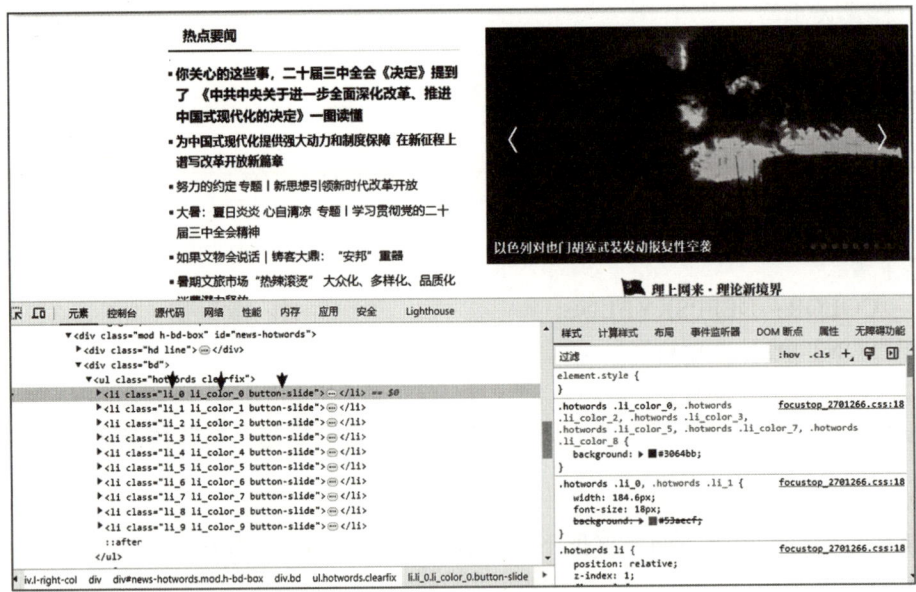

图 6.1.3　网页中多类名的调用

🚀 小贴士

① 样式显示效果跟 HTML 元素中的类名先后顺序没有关系，跟 CSS 样式书写的上下顺序有关。

② 各个类名中间用空格隔开。

③ 优点：节省代码，修改方便。

（3）ID 名选择器。

类选择器（class），好比人的名字，是可以多次重复使用的，比如"张伟"。

id 选择器，好比人的身份证号码，是唯一的，不得重复，只能使用一次。id 属性不要以数字开头，数字开头的 ID 在 Mozilla/Firefox 浏览器中不起作用。

ID 选择器和通配符选择器

其唯一性是与类选择器最大的区别，如图 6.1.4 所示。

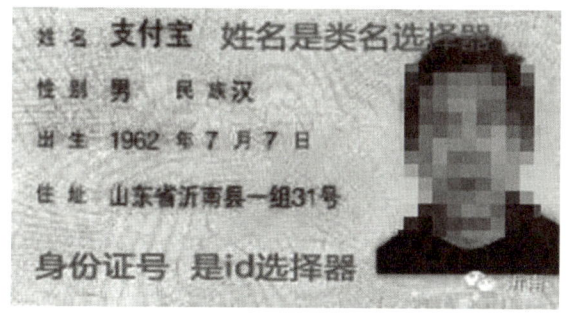

图 6.1.4　类名选择器与 id 选择器

id 选择器使用"#"进行标识，后面紧跟 id 名，其基本语法格式如下：

#id 名　{属性 1：属性值 1；　属性 2：属性值 2；　属性 3：属性值 3；　}

该语法中，id 名即为 HTML 元素的 id 属性值，大多数 HTML 元素都可以定义 id 属性，元素的 id 值是唯一的，只能对应于文档中某一个具体的元素。

id 选择器用法基本与类选择器相同，id 选择器用于页面唯一属性，常与 JS 搭配使用。

（4）通配符选择器。

通配符选择器用"*"号表示，它是所有选择器中作用范围最广的，能匹配页面中所有的元素。其基本语法格式如下：

*｛属性 1：属性值 1；属性 2：属性值 2；属性 3：属性值 3；｝

例如：下面的代码，使用通配符选择器定义 CSS 样式，清除所有 HTML 标记的默认边距。

```
*｛
    margin: 0;              /* 定义外边距*/
    padding: 0;             /* 定义内边距*/
｝
```

6.1.6　CSS 字体样式属性

（1）font-size：字号大小。

font-size 属性用于设置字号，该属性的值可以使用相对长度单位，也可以使用绝对长度单位。其中，相对长度单位比较常用，推荐使用像素单位 px，绝对长度单位使用较少。

在 CSS 中 em 相对于"当前元素"的字体大小而言，这里的字体大小就是指以 px 为单位的 font-size 的值。如当前元素 font-

文字属性-字体大小

size：20px；

则 1em = 20px；2em = 40px；

rem 指相对于"根元素"即<html>标签的 font-size 字体大小，默认是 16px。

（2）font-family：字体。

font-family 属性用于设置字体。网页中常用的字体有宋体、微软雅黑、黑体等。例如：将网页中所有段落文本的字体设置为微软雅黑，可以使用如下 CSS 样式代码：

p { font-family：" 微软雅黑"；}

文字属性-字体

可以同时指定多个字体，各字体之间以英文逗号隔开，表示如果浏览器不支持第一个字体，则会尝试下一个，直到找到合适的字体。

div {font-family: Arial,"Microsoft Yahei", "微软雅黑";}

body{font-family: 'Microsoft YaHei',tahoma,arial,'Hiragino Sans GB'; }

（3）font-weight：字体粗细。

font-weight 属性用于定义字体的粗细，其可用属性值：normal（默认值）、bold（定义粗体）、bolder（更粗）、lighter（更细）、100～900（100 的整数倍）。

数字 400 等价于 normal　font-weight：400；

数字 700 等价于 bold　font-weight：700；（不要加单位）

文字属性-字体粗细

在实际运用中，用户一般更喜欢用数字来表示。

（4）font-style：字体风格。

字体倾斜除了用 i 和 em 标签之外，可以使用 CSS 来实现，但是 CSS 是没有语义的。

font-style 属性用于定义字体风格，如设置斜体、倾斜或正常字体，其可用属性值如下：

normal：默认值，浏览器会显示标准的字体样式。

italic：浏览器会显示斜体的字体样式。italic 是使用了文字本身的斜体属性。

oblique：浏览器会显示倾斜的字体样式。oblique 是让没有斜体属性的文字做倾斜处理。

字体属性-字体风格
和字体连写

因为有少量的不常用字体没有斜体属性，若使用 Italic 则会没有效果。

平时一般很少给文字加斜体，反而喜欢将斜体标签（em，i）改为普通模式不倾斜。

（5）font：综合设置字体样式。

font 属性用于对字体样式进行综合设置，其基本语法格式如下：

选择器　{font：font-style　font-weight　font-size/line-height　font-family；}

使用 font 属性时，font-size 和 font-family 的值是必需的，其他不需要设置的属性可以省略（取默认值），各个属性以空格隔开，如图 6.1.5 所示。

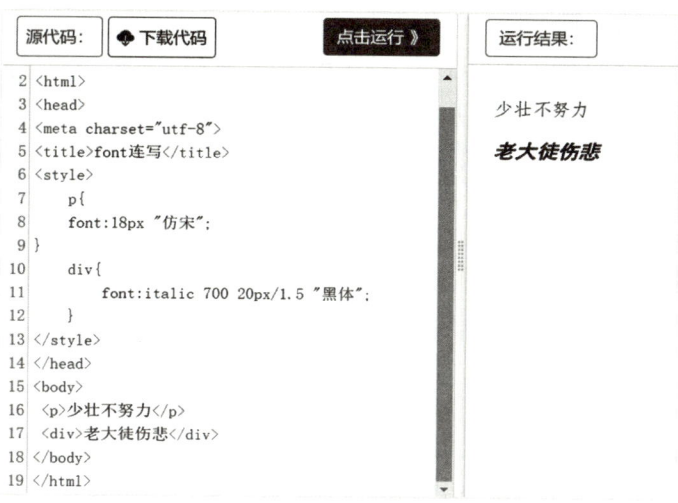

图 6.1.5 font 连写

（6）text-stroke：文字描边。

text-stroke 为文本添加了描边，并为其提供了修饰选项。它定义了文本字符的笔触颜色和宽度。

此 CSS 属性是以下两个属性的连写：

text-stroke-width：描述描边效果的粗细并采用单位值。

text-stroke-color：它采用颜色的值。

语法：text-stroke：text-stroke-width text-stroke-color；

CSS 代码	显示效果

h2 {
line-height: 100px;
font-size: 100px;
-webkit-text-stroke: rgb(247, 91, 24) 3px;
color: transparent;
}
	我爱我家

6.1.7 CSS 文本外观属性

（1）color：文本的颜色。

color 属性用于定义文本的颜色，常用取值方式有以下几种：

·颜色的名称，比如 red、blue、green 等，不区分大小写。

·十六进制，十六进制符号 #RRGGBB 和 #RGB 跟 6 位或者 3 位十六进制字符（0-9，A-F）。如#FF0000（#F00）、#FF6600（#F60）、#29D794 等。实际工作中，十六进制是最常用的定义颜色的方式。

·rgb 代码，红-绿-蓝（red-green-blue），如红色表示为 rgb（255，0，0）或 rgb（100%，0%，0%）。

文本外观属性-颜色

需要注意的是，如果使用 RGB 代码的百分比颜色值，取值为 0 时也不能省略百分号，必须写为 0%。

·rgba，红-绿-蓝-阿尔法，RGBa 扩展了 RGB 颜色模式，它包含了阿尔法通道，允许设定一个颜色的透明度。a 表示透明度：0=透明；1=不透明。

如：rgba (255, 0, 0, 0.1)　　　/* 10% 不透明 */

　　　rgba (255, 0, 0, 0.4)　　　/* 40% 不透明 */

　　　rgba (255, 0, 0, 0.7)　　　/* 70% 不透明 */

　　　rgba (255, 0, 0, 1)　　　　/* 不透明，即红色 */

注意：color 是设置文本即字体的颜色，如果需要设置背景颜色，则需要用到属性 background，取值方式是一样的。

（2）letter-spacing（字符间距）/word-spacing（单词间距）。

letter-spacing 用于定义字间距，属性值可以为不同单位数值，允许为负，默认 normal。

word-spacing 用于定义英文单词之间的间距，对中文字符无效。

示例如图 6.1.6 所示。

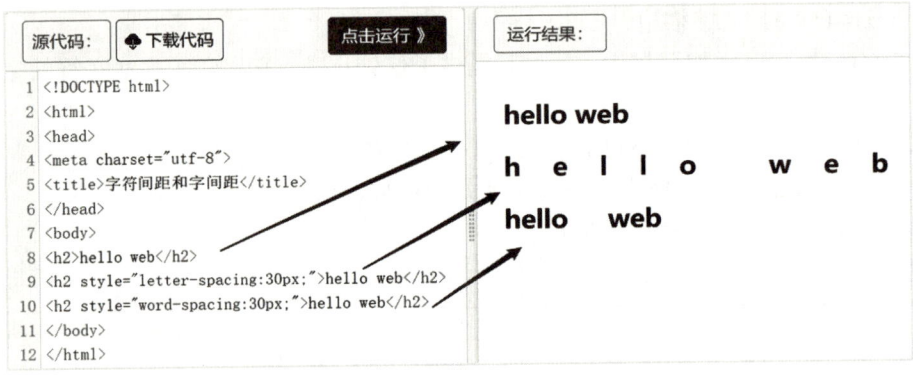

图 6.1.6　字符间距和单词间距

（3）line-height：行高。

line-height 用于设置行间距，即行与行之间的距离，字符的垂直间距，一般称为行高。

line-height 常用的属性值单位有三种：分别为像素 px，相对值 em 和百分比%，实际工作中使用最多的是像素 px，一般情况下，行距比字号大 7.8 像素左右就可以了。行号如果没有带单位，则表示倍数，如：字体为 16px，line-height:1.5；那么此时行高就是 16*1.5=24px。

文本外观属性-
间距和行高

行高 < 盒子的高度时，文字就在盒子内偏上。

行高 = 盒子的高度时，文字就在盒子内垂直居中；

行高 > 盒子的高度时，文字就在盒子内偏下。示例如图 6.1.7 所示。

图 6.1.7　盒子高度与行高

（4）text-align：设置元素水平对齐方式。

text-align 属性用于设置文本内容的水平对齐，相当于 html 中的 align 对齐属性。其可用属性值如表 6.1.3 所示。

表 6.1.3　text-align 属性值

值	描　　述
left	把文本排列到左边。默认值：由浏览器决定
right	把文本排列到右边
center	把文本排列到中间
justify	实现两端对齐文本效果

（5）vertical-align:设置元素的垂直对齐方式。

该属性定义行内元素的基线相对于该元素所在行的基线的垂直对齐，如图 6.1.8 所示。其可用属性值如表 6.1.4 所示。

图 6.1.8　基线对齐

表 6.1.4　垂直对齐属性

值	描　　述
baseline	默认。元素放置在父元素的基线上
sub	垂直对齐文本的下标
super	垂直对齐文本的上标
top	把元素的顶端与行中最高元素的顶端对齐
text-top	把元素的顶端与父元素字体的顶端对齐
middle	把此元素放置在父元素的中部
bottom	使元素及其后代元素的底部与整行的底部对齐
text-bottom	把元素的底端与父元素字体的底端对齐
length	将元素升高或降低指定的高度，可以是负数
%	使用 "line-height" 属性的百分比值来排列此元素，允许使用负值
inherit	规定应该从父元素继承 vertical-align 属性的值

（6）text-decoration：文本装饰。

通常用于给链接修改装饰效果，其值如表 6.1.5 所示。示例如图 6.1.9 所示。

最常用的就是给链接 a 取消自带的下划线 text-decoration：none；

表 6.1.5　文本装饰属性

值	描　　述
none	默认。定义标准的文本
underline	定义文本下的一条线
overline	定义文本上的一条线
line-through	定义穿过文本下的一条线
blink	定义闪烁的文本
inherit	规定应该从父元素继承 text-decoration 属性的值

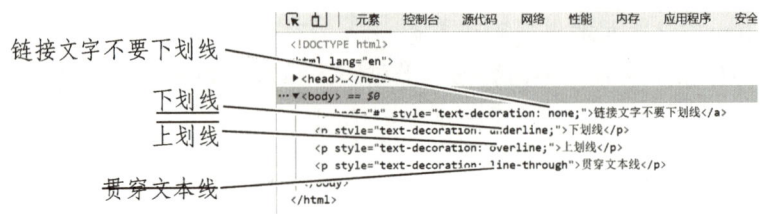

链接文字不要下划线

下划线

上划线

贯穿文本线

图 6.1.9　文本装饰代码

📡 **小贴士**

em 和 i 取消倾斜：font-style：normal；

添加倾斜：font-style：italic；

strong 和 b 取消加粗：font-weight：normal /400；

添加加粗：font-weight：bold /700；

u 和 ins 删除下划线：text-decoration：none；

添加下划线：text-decoration：underline；

s 和 del 删除删除线：text-decoration：none；

添加删除线：text-decoration：line-through；

文本外观属性-水平对齐、

首行缩进、文本装饰

（7）text-indent：首行缩进。

text-indent 属性用于设置首行文本的缩进，其属性值可为不同单位的数值、em 字符宽度的倍数或相对于浏览器窗口宽度的百分比%，允许使用负值，建议使用 em 作为设置单位。1em 就是一个字的宽度。如果是汉字的段落，1em 就是一个汉字的宽度。

（8）text-shadow：文本阴影。

text-shadow 用于给文字添加阴影效果，其属性值如表 6.1.6 所示，其案例如图 6.1.10 所示。

表 6.1.6　text-shadow 文本阴影属性

值	描　　述
h-shadow	必需。水平阴影的位置。允许负值（向左）
v-shadow	必需。垂直阴影的位置。允许负值（向上）
blur	可选。模糊的距离
color	可选。阴影的颜色

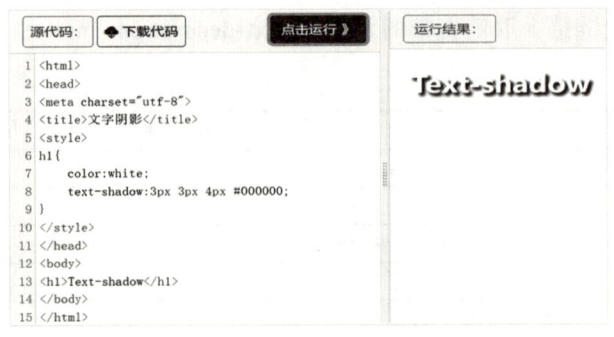

图 6.1.10　阴影属性设置案例

（9）text-transform：控制文本的大小写。

text-transform 属性用于控制文本的大小写，其属性值如表 6.1.7 所示，其案例如图 6.1.11 所示。

表 6.1.7　text-transform 文本大小写转换属性

值	描　述
none	默认。定义带有小写字母和大写字母的标准的文本
capitalize	文本中的每个单词以大写字母开头
uppercase	定义仅有大写字母
lowercase	定义无大写字母，仅有小写字母
inherit	规定应该从父元素继承 text-transform 属性的值

图 6.1.11　text-transform 文本大小写转换

（10）white-space：规定段落中的文本不进行换行。

white-space 属性值如表 6.1.8 所示。

表 6.1.8　white-space 属性值

值	描　述
normal	默认。空白会被浏览器忽略
pre	空白会被浏览器保留。（多个空格都能被浏览器识别）
nowrap	文本不会换行，文本会在同一行上继续，直到遇到 标签为止
pre-wrap	保留空白符序列，但是正常地进行换行
pre-line	合并空白符序列，但是保留换行符
inherit	规定应该从父元素继承 white-space 属性的值

（11）text-overflow：处理溢出文本。

text-overflow 属性用于指定当文本溢出包含它的元素时应该如何显示。可以设置溢出后，文本被剪切、显示省略号（...）或显示自定义字符串（不是所有浏览器都支持）。其属性值如表 6.1.9 所示。

表 6.1.9　text-overflow 属性值

值	描　述
lip	剪切文本，不显示符号...
ellipsis	剪切文本，显示省略符号 ... 来代表被修剪的文本
string	使用给定的字符串来代表被修剪的文本
inherit	从父元素继承该属性值

text-overflow 需要配合以下两个属性使用：

white-space: nowrap; 文字不换行显示。

overflow: hidden; 溢出隐藏（可以理解为超出内容将会被修剪）。

text-overflow:ellipsis; 被修剪的文本显示符号。

text-overflow 搜狐网新闻列表中的具体应用如图 6.1.12 所示。

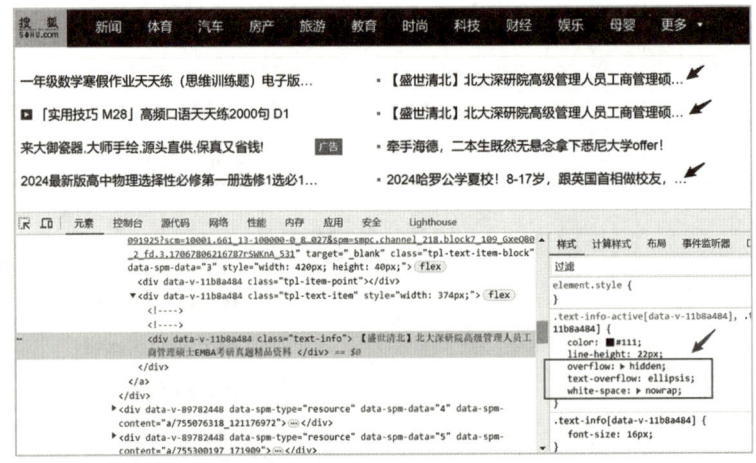

图 6.1.12　搜狐新闻列表 text-overflow 的使用

6.1.8　控制内容溢出属性

overflow 属性指定如果内容溢出一个元素的框的显示方式，其属性值如表 6.1.10 所示。

表 6.1.10　overflow 属性值与描述

属性值	描　述
visible	默认值。内容不会被修剪，会呈现在元素框之外
hidden	内容会被修剪，并且其余内容是不可见的
scroll	内容会被修剪，但是浏览器会显示滚动条以便查看其余内容
auto	如果内容被修剪，则浏览器会显示滚动条以便查看其余内容
inherit	规定应该从父元素继承 overflow 属性的值

在 CSS3 中还新增了 overflow-x 属性和 overflow-y 属性，用于指定水平和垂直内容超出时的处理方式，属性值如表 6.1.11 所示。

表 6.1.11　overflow-x 或 overflow-y 属性值与描述

属性值	描　述
visible	不裁剪内容，可能会显示在内容框之外
hidden	裁剪内容 - 不提供滚动机制
scroll	裁剪内容 - 提供滚动机制
auto	如果溢出框，则应该提供滚动机制
no-display	如果内容不适合内容框，则删除整个框
no-content	如果内容不适合内容框，则隐藏整个内容

案例如下图 6.1.13 所示。

HTML 代码	CSS 代码	显示效果

`<div>`
    `<img src="./1.png" alt="">`
    `<p>君子曰：学不可以已。</p>`
    `<p>青，取之于蓝，而青于蓝；冰，水为之，而寒于水。木直中绳，輮以为轮，其曲中规。虽有槁暴，不复挺者，輮使之然也。故木受绳则直，金就砺则利，君子博学而日参省乎己，则知明而行无过矣。</p>`
    `<p>故不登高山，不知天之高也；不临深溪，不知地之厚也；不闻先王之遗言，不知学问之大也。干、越、夷、貉之子，生而同声，长而异俗，教使之然也。诗曰："嗟尔君子，无恒安息。靖共尔位，好是正直。神之听之，介尔景福。"神莫大于化道，福莫长于无祸。</p>`
`</div>`
	`div {`
	    `width: 200px;`
	    `height: 200px;`
	    `background-color: azure;`
	    `border: 1px solid #333;`
	    `padding: 10px;`
	`}`
	`img {`
	    `width: 300px;`
	`}`	

	`div {`
	    `overflow: auto;`
	`}`	

	`div {`
	    `overflow: hidden;`
	`}`	

	`div {`
	    `overflow-y: hidden;`
	`}`
	`<!--y 轴超出隐藏，x 轴默认自动-->`	

图 6.1.13　控制内容溢出属性案例

6.1.9　CSS 列表样式属性

（1）list-style-type 属性。

list-style-type 属性设置列表项标记的类型，其属性值如表 6.1.12 所示，案例如图 6.1.14 所示。

表 6.1.12　list-style-type 属性值

值	描　述
none	无标记
disc	默认。标记是实心圆
circle	标记是空心圆
square	标记是实心方块
decimal	标记是数字
decimal-leading-zero	0 开头的数字标记。（01，02，03，等）

续表

值	描 述
lower-roman	小写罗马数字（i, ii, iii, iv, v, 等）
upper-roman	大写罗马数字（I, II, III, IV, V, 等）
lower-alpha	小写英文字母 The marker is lower-alpha（a, b, c, d, 等）
upper-alpha	大写英文字母 The marker is upper-alpha（A, B, C, D, 等）
lower-greek	小写希腊字母（alpha, beta, gamma, 等）
lower-latin	小写拉丁字母（a, b, c, d, e, 等）
upper-latin	大写拉丁字母（A, B, C, D, E, 等）

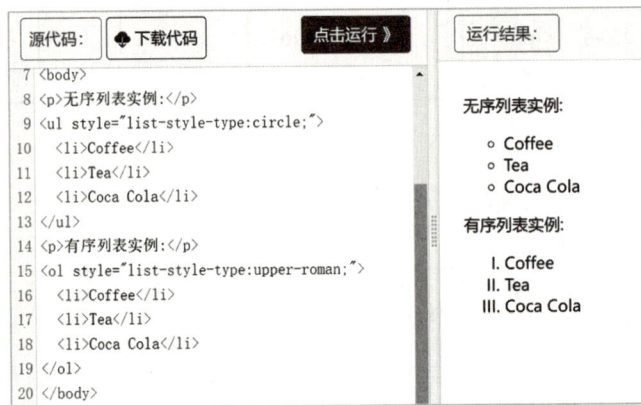

图 6.1.14　list-style-type 的案例

（2）list-style-image 属性。

list-style-image 属性使用图像来替换列表项的标记，属性值如表 6.1.13 所示，案例如图 6.1.15 所示。

表 6.1.13　list-style-image 属性值

值	描 述
URL	图像的路径
none	默认。无图形被显示

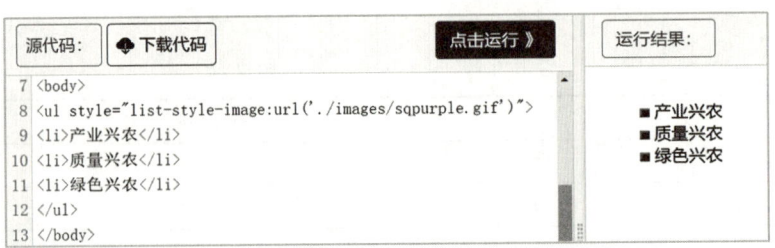

图 6.1.15　list-style-image 案例

（3）list-style-position 属性。

list-style-position 属性用于设置项目符号的书写位置，属于值如表 6.1.14 所示。

表 6.1.14　list-style-position 属性值及描述

值	描　述	显示效果
inside	列表项目标记放置在文本以内，且环绕文本根据标记对齐	list-style-position: inside • Earl Grey Tea - 一种黑颜色的茶 • Jasmine Tea - 一种神奇的"全功能"茶 • Honeybush Tea - 一种令人愉快的果味茶
outside	默认值。 列表项目标记放置在文本以外，且环绕文本不根据标记对齐	list-style-position: outside • Earl Grey Tea - 一种黑颜色的茶 • Jasmine Tea - 一种神奇的"全功能"茶 • Honeybush Tea - 一种令人愉快的果味茶

（4）list-style 属性。

list-style 是以上三个属性的连写，语法如下：

list-style:列表项目符号 列表项目符号的位置 列表项目图像；

使用复合属性时，各个样式按照上述语法中的顺序排序，各样式以空格隔开，不需要的样式可以省略。

在实际网页编写过程中，为了更高效地控制列表项目符号，通常将 list-style 属性的值定义为 none。

任务实践

（1）在 VSCode 中，创建站点文件夹，准备好素材资源文件夹，新建 601.html。

（2）将素材中"网站简介"标题设置为字体为仿宋、字号大小为 22px、字符间距为 5px、水平居中。

（3）将英文标题转换为全部大写、字体为 16px、不加粗、字符间距正常。

（4）将文中小标题设置为：首行缩进 2 个字、字体不加粗、字体大小 18px、字体颜色为#249c6e。

（5）文中正文设置为：首行缩进 2 个字，行距为 26px、字体为仿宋、字体颜色为#333，效果见图 6.1.1，参考代码如下：

序号	HTML 代码
01	\<hr\>
02	\<h2\>网站简介　\<br\>\<span\>company profile\</span\> \</h2\>
03	\<hr\>
04	\<p\>助农网网致力打造农产品展销信息平台，实现农产品供求信息的高速互动流
05	通，努力解决农产品买难、卖难。网站以"供应信息""价格行情""三农资讯""农业技术"
06	"地方特产""三农专题"等板块，为三农信息建设和发展提供全方位的平台支撑。\</p\>
07	\<h3\>网站理念\</h3\>
08	\<p\>帮助亿万中国农民利用互联网，繁荣农村经济，创造品质生活。助力乡村振兴，产
09	业是发展的根基，产业兴旺，农民收入才能稳定增长，让每一位中国农民过上幸福生活。\</p\>
10	\<h3\>网站组成\</h3\>

续表

11	`<p>`助农网是先进的 B2B 加 B2C 平台，网站提供免费的会员注册、农产品供求信
12	息发布、农产品在线报价和实时查询、农业技术、三农资讯、涉农展会、网上集市等为广
13	大农民、农产品经纪人、专业合作社、涉农企业提供专业的信息服务。`</p>`
14	`<h3>`创始人`</h3>`
15	`<p>`助农网创始人作为 80 后农村青年，目睹了农产品滞销给予农民的各种困难，
16	自小就立志要为解决农产品滞销而努力。创办助农网这个平台就是要通过这个平台解决农
17	产品买卖难，让每一位中国农民过上幸福的中国年。感恩每一位在知农网前进进路上伸出援
18	手的朋友，知农网携手每一位三农人肩并肩前行，愿所有辛勤的付出都能够有所回应！`</p>`

序号	CSS 代码	序号	CSS 代码
01	h2 {	13	h3 {
02	font-size: 22px;	14	text-indent: 2em;
03	font-family: "仿宋";	15	font-size: 18px;
04	text-align: center;	16	font-weight: normal;
05	letter-spacing: 5px;	17	color: rgb(69, 194, 31);
06	}	18	}
07	span {	19	p {
08	font-weight: normal;	20	text-indent: 2em;
09	font-size: 16px;	21	line-height: 26px;
10	letter-spacing: normal;	22	font-family: "仿宋";
11	text-transform: uppercase;	23	}
12	}	24	

任务 2　关于我们页面

任务展示

关于我们页面如图 6.2.1 所示。

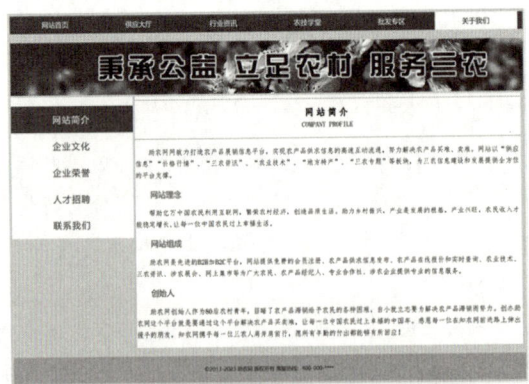

图 6.2.1　关于我们页面

任务准备

6.2.1　关系选择器

（1）交集选择器。

交集选择器由两个基础选择器构成，其中第一个为标签选择器，第二个为 class 选择器，两个选择器之间不空格。交集选择器是并且的意思。即...又...的意思。

比如：div.red 选择的是：类名为 .red 的 div 标签。

在编辑器中，用户可以通过输入 p.one 生成一个类名为 one 的 p 标签，如果只输入.one，默认标签是 div，也就是会生成一个类名为 one 的 div。交集选择器案例如表 6.2.1 所示。

交集选择器

表 6.2.1　交集选择器案例

HTML 代码	CSS 代码	显示效果

<div>内容 1</div>
<div class="red">内容 2</div>
内容 3
<p class="red">内容 4</p>
<p>内容 5</p>
	p.red{
	background-color:#ccc;
	}
		内容1
		内容2
		内容3
		内容4
		内容5

（2）并集选择器。

并集选择器(CSS 选择器分组)是各个选择器通过逗号连接而成的，任何形式的选择器（包括标签选择器、class 类选择器、id 选择器等），都可以作为并集选择器的一部分。如果某些选择器定义的样式完全相同，或部分相同，就可以利用并集选择器为它们定义相同的 CSS 样式。并集选择器案例如表 6.2.2 所示。

并集选择器

表 6.2.2　并集选择器案例

HTML 代码	CSS 代码	显示效果

<div>内容 1</div>
<div class="red">内容 2</div>
内容 3
<p class="red">内容 4</p>
<p>内容 5</p>
	p,
	.red{
	background-color:#ccc;
	}
		内容1
		内容2
		内容3
		内容4
		内容5

（3）后代选择器。

后代选择器又称为包含选择器，用来选择元素或元素组的后代。其写法就是把外层标签写在前面，内层标签写在后面，中间用空格分隔。当标签发生嵌套时，内层标签就成为外层标签的后代。后代选择器案例如表 6.2.3 所示。

表 6.2.3　后代选择器案例

HTML 代码	CSS 代码	显示效果

`<div>`
　　`<p>`div 的儿子 p`</p>`
　　`<p>`div 的儿子 p`</p>`
　　`<a href="#">`
　　　　`<p>`div 的孙子 p`</p>`
　　　　`<p>`div 的孙子 p`</p>`
　　`</a>`
`<h2>`div 的儿子 h2 `</h2>`
　`</div>`
	`div p{`
	`background-color:#ccc;`
	`}`
		div的儿子p
		div的儿子p
		div的孙子p
		div的孙子p
		div的儿子h2

（4）子代选择器。

子代选择器只能选择作为某元素的子元素。其写法就是把父级标签写在前面，子级标签写在后面，中间跟一个">"大于符号进行连接，注意符号左右两侧各保留一个空格。子代选择器案例如表 6.2.4 所示。

表 6.2.4　子代选择器案例

HTML 代码	CSS 代码	显示效果

`<div>`
　　`<p>`div 的儿子 p`</p>`
　　`<p>`div 的儿子 p`</p>`
　　`<a href="#">`
　　　　`<p>`div 的孙子 p`</p>`
　　　　`<p>`div 的孙子 p`</p>`
　　`</a>`
`<h2>`div 的儿子 h2`</h2>`
`</div>`
	`div > p{`
	`background-color:#ccc;`
	`}`
		div的儿子p
		div的儿子p
		div的孙子p
		div的孙子p
		div的儿子h2

（5）兄弟选择器。

① 临近兄弟选择器。用"+"号来连接前后两个选择器，如 A + B，选择器的 AB 两个元素是并列（即兄弟关系），选择的 B 一定是紧挨 A 第一个 B 元素。

② 普通兄弟选择器。使用"~"号来连接前后两个元素，如 A~B，只要是同级 A 后面的 B 都会被选中。

兄弟选择器案例如表 6.2.5 所示。

表 6.2.5　兄弟选择器案例

HTML 代码	CSS 代码	显示效果

`<div>`
　`<div>`div 内部 div 元素`</div>`
　`<h2>` div 内部 h2 元素`</h2>`
　`<p>` div 内部 p 元素`</p>`
　`<p>` div 内部 p 元素`</p>`
`</div>`
`<p>`div 之后的第 1 个 P 元素`</p>`
`<p>`div 之后的第 2 个 P 元素`</p>`
	`div + p`
	`{`
	`background-color:#ccc;`
	`}`
		div内部 div 元素
		div内部 h2 元素
		div内部 p 元素
		div内部 p 元素
		div 之后的第1个 P 元素
		div 之后的第2个 P 元素

	`div ~ p`
	`{`
	`background-color:#ccc;`
	`}`
		div内部 div 元素
		div内部 h2 元素
		div内部 p 元素
		div内部 p 元素
		div 之后的第1个 P 元素
		div 之后的第2个 P 元素

关系选择器类别总结如表 6.2.6 所示。

表 6.2.6　CSS 关系选择器

选择器	含义
A·B 交集选择器	一个类名为 B 的 A 标签，两者同时满足
A,B 并集选择器	一个 A 标签和一个 id 名为 B 的同时选中
A　B 后代选择器	A 标签包含的 B 标签全部选中
A > B 子代选择器	直属 A 标签下的子元素 B 才被中
A + B 临近兄弟选择器	紧跟 A 标签的同级 B 标签被选中
A ~ B 普通兄弟选择器	同级 A 标签后面的 B 标签被全部选中

6.2.2　属性选择器

属性选择器可以根据元素的属性及属性值来选择元素，属性选择器必须使用"[ ]"。

属性选择器的用法描述如表 6.2.7 所示，属性选择器案例如表 6.2.8 所示。

属性选择器

attr 是英文单词 attribute 的简写，中文意思就是属性或属性名。

val 是英文单词 value 的简写，中文意思就是值或属性值。

表 6.2.7　属性选择器的用法描述

属性名	描述
[attr]	匹配指定的属性名的所有元素
[attr=val]	匹配属性等于指定的值所有元素
[attr^=val]	匹配属性以指定的属性值开头的所有元素
[attr$=val]	匹配属性以指定属性值结尾的所有元素
[attr*=val]	匹配属性值中包含指定属性值的所有元素

表 6.2.8　属性选择器案例

HTML 代码	CSS 代码	显示效果

<h2 align="right">路在脚下</h2>
<h3 align="center">勇往直前</h3>
<h4 align="left">追求卓越</h4>
<h2>成就梦想</h2>
	[align] {
	background-color:#ccc;
	}
		路在脚下
		勇往直前
		追求卓越
		成就梦想

	[align="center"] {
	background-color:#ccc;
	}
		路在脚下
		勇往直前
		追求卓越
		成就梦想

续表

HTML 代码	CSS 代码	显示效果

<p class="jinli">
尽力就好，只求无愧于心
</p>
<p class="nuli">
努力就好，只求无怨无悔
</p>
<p class="zixin">
自信就好，无需迷茫
</p>
<p class="jianchi">
坚持就好，无需退缩
</p>
	[class^="j"]{
	background-color:#ccc;
	}
		尽力就好，只求无愧于心
		努力就好，只求无怨无悔
		自信就好，无需迷茫
		坚持就好，无需退缩

	[class$="i"]{background-color:#ccc; }	尽力就好，只求无愧于心 努力就好，只求无怨无悔 自信就好，无需迷茫 坚持就好，无需退缩

	[class*="n"]{
	background-color:#ccc;
	}
		尽力就好，只求无愧于心
		努力就好，只求无怨无悔
		自信就好，无需迷茫
		坚持就好，无需退缩

6.2.3 结构化选择器

（1）:root 选择器。

:root 选择器用于匹配文件的根标签。在 HTML 中根标签指的是<html>标签，因此使用:root 的选择器定义的样式，对所有页面标签都生效。其案例如表 6.2.9 所示。

表 6.2.9 :root 选择器案例

HTML 代码	CSS 代码	显示效果

<h3>《劝学诗》 </h3>
<h4>唐·颜真卿</h4>
<p>三更灯火五更鸡，正是男儿读书时。</p>
<p>黑发不知勤学早，白首方悔读书迟。</p>
	:root{
	background-color:#ccc;
	}
		《劝学诗》
		唐·颜真卿
		三更灯火五更鸡，正是男儿读书时。
		黑发不知勤学早，白首方悔读书迟。

（2）:not 选择器。

:not 选择器用于匹配除设置标签或属性之外的标签。

如:not(p)用于选择所有 p 以外的元素；:not([class="one"])选择类名不等于 one 的所有元素。:not 选择器案例如表 6.2.10 所示。

表 6.2.10 :not 选择器案例

HTML 代码	CSS 代码	显示效果

<h3>《劝学诗》 </h3>
<h4>唐·颜真卿</h4>
<p>三更灯火五更鸡，正是男儿读书时。
</p>
<p>黑发不知勤学早，白首方悔读书迟。
</p>
	p{
	background-color: #fff;
	}
	:not(p) {
	background-color: #ccc;
	}
		《劝学诗》
		唐·颜真卿
		三更灯火五更鸡，正是男儿读书时。
		黑发不知勤学早，白首方悔读书迟。

（3）:only-child 选择器。

:only-child 选择器用于匹配父标签中唯一的子元素，即父元素只有一个子元素，且必须是指定元素。其案例如表 6.2.11 所示。

表 6.2.11 :only-child 选择器案例

HTML 代码	CSS 代码	显示效果

`<div>`
`<p>DIV 的独子 p</p>`
`</div>`
`<div>`
`<span>DIV 的大儿子 span</span>`
`<p>DIV 的二儿子 p</p>`
`</div>`
`<a href="#">`
`<p>a 的独子 p</p>`
`</a>`
	`p:only-child{`
	`background-color:#ccc;`
	`}`
		DIV的独子p
		
		DIV的大儿子span
		
		DIV的二儿子p
		
		a的独子p

（4）:empty 选择器。

:empty 选择器用于选择没有子标签或内容为空的所有标签。其案例如表 6.2.12 所示。

表 6.2.12 :only-child 选择器案例

HTML 代码	CSS 代码	显示效果

`<p>`用心去感受生活中的每一份美好`</p>`
`<p>`让自己充满力量`</p>`
`<p></p>`
	`p:empty {`
	`width:200px;`
	`height:10px;`
	`background-color:#f00;`
	`}`
		用心去感受生活中的每一份美好
		让自己充满力量

（5）:nth-child(n)和:nth-of-type(n)选择器。

结构伪类选择器案例如表 6.2.13 所示。

表 6.2.13 结构伪类选择器案例

选择器	示例	示例说明
:first-of-type	p:first-of-type	选择每个 p 元素是其父元素的第一个 p 元素
:last-of-type	p:last-of-type	选择每个 p 元素是其母元素的最后一个 p 元素
:nth-last-of-type(n)	p:nth-last-of-type(2)	选择所有 p 元素倒数的第二个为 p 的子元素
:nth-of-type(n)	p:nth-of-type(2)	选择所有 p 元素第二个为 p 的子元素
:first-child	p:first-child	选择父元素中的第一个子元素 p
:last-child	p:last-child	选择父元素中的最后一个子元素 p
:nth-last-child(n)	p:nth-last-child(2)	选择父元素中的倒数第二个子元素 p
:nth-child(n)	p:nth-child(2)	选择所有 p 元素的父元素的第二个子元素 p
:first-letter	p:first-letter	选择每个`<p>`元素的第一个字母
:first-line	p:first-line	选择每个`<p>`元素的第一行

nth-child(n)：

① n 可以是数字，关键字和公式。

② n 如果是数字，就是选择第 n 个。

③ 常见的关键词 even：偶数，odd：奇数。

④ 常见的公式如表 6.2.14 所示，如果 n 是公式，则从 0 开始计算。

结构伪类选择器

表 6.2.14　nth-child(n)n 的用法

公　式	取　值
2n	偶数
2n+1	奇数
5n	5　10　15　...
n+5	从第 5 个开始（包含第 5 个）到最后
-n+5	前 5 个（包含第 5 个））

nth-child(n)和 nth-of-type(n)的区别：

nth-child(n)是匹配父元素第 n 个子元素，与元素类型无关，一般用于子元素完全相同的列表。nth-of-type(n)用于匹配父元素特定类型的第 n 个元素，推荐使用。两者的案例如表 6.2.15 所示。

表 6.2.15　nth-child(n)和 nth-of-type(n)案例

HTML 代码	CSS 代码	代码分析

<section>
<p>你好</p>
<div>hello</div>
　<div>hello2</div>
　<div>hello3</div>
</section>
	section div:nth-child(1) {
	color:　tomato;
	　}
		选择 section 的第 1 个孩子，且名字是 div
		/*选不出来*/
		因为 section 的第一个孩子是 p

	section div:nth-of-type(1){
	color:blue;
	　}
		选择 section 的第 1 个叫 div 的孩子
		/*选出 hello*/

（6）:target 目标选择器。

:target 选择器可用于当前活动的 target 元素的样式，配合锚点链接一起使用。具体案例如表 6.2.16 所示。

表 6.2.16　:target 目标选择器案例

HTML 代码	CSS 代码	代码分析

<a href="#news1">标签 1</a>
<a href="#news2">标签 2</a>
<a href="#news3">标签 3</a>
<div>点击标签，展开对应内容
</div>
<section id="news1">内容 1
	section {
	　　height: 20px;
	　　overflow: hidden;
	　　　}
	:target {
	　　height: 100px;
		<u>标签 1 标签 2 标签 3</u>
		点击标签，展开对应内容
		内容 1
		内容 2
		内容 3
		（点击前效果）

续表

HTML 代码	CSS 代码	代码分析

`<p>...</p>`
`</section>`
`<section id="news2">内容 2`
`<p>...</p>`
`</section>`
`<section id="news3">内容 3`
`<p>...</p>`
`</section>`
	`background-color:`
	`#ccc;`
	`}`
		标签 1 标签 2 标签 3
		点击标签，展开对应内容
		内容 1
		内容 2
		...
		内容 3
		（点击后效果）

（7）:has()选择器。

:has()选择器用于检查给定元素中是否包含某些子元素，如果符合匹配条件则将其选定，之后对样式做相应设置。

如 div:has(span)，表示选择还有 span 子元素的 div 标签，案例如表 6.2.17 所示。

表 6.2.17　has 选择器案例

HTML 代码	CSS 代码	显示效果

`<div>1`
`<span></span>`
`</div>`
`<div>`
`2`
`</div>`
	`div{`
	`width:100px;`
	`height:100px;`
	`border:1px solid #333;`
	`}`
	`div:has(span){`
	`background-color:red;`
	`}`
		2

另外，:has() 选择器还能选择给定元素的上一个同级元素。CSS 中的兄弟选择器只允许选择下一个同级元素，但无法选择上一个同级元素，但是:has()结合兄弟选择器就可以选中上一个元素。如 div:has(+p)表示选中后面紧挨着 p 元素的 div，案例如表 6.2.18 所示。

表 6.2.18　has 选择器案例

HTML 代码	CSS 代码	显示效果

`<div>1</div>`
`<div>2</div>`
`<div>3</div>`
`<p>段落 1</p>`
`<div>4</div>`
`<hr>`
`<p>段落 2</p>`
	`div:has(+p) {`
	`background-color: #ccc;`
	`}`
		1
		2
		3
		段落1
		4
		段落2

6.2.4 状态化伪类选择器

状态化伪类选择器主要用于超链接和鼠标操作配合的场景，使链接在单击前、单击后、鼠标点击时、悬停时，显示不同的样式。常用的状态化伪类选择器有四种，分别为:link、:visited、:hover、:active，如表 6.2.19 所示。

表 6.2.19　状态化选择器

选择器	描　　述
:link	选择所有未访问链接
:visited	选择所有访问过的链接
:active	选择正在活动链接
:hover	把鼠标放在链接上的状态
:focus	选择元素输入后具有焦点

书写时其顺序尽量不要颠倒，按照 lvha 顺序，可用如下方式快速记忆：

love　hate　爱恨记忆法。

在实际开发中，一般常用：

a　{

/* a 是标签选择器　所有的链接 */

　　　font-weight: 700;

　　　font-size: 16px;

　　　color: #ccc;

}

　a:hover　{

　/* :hover 是链接伪类选择器　鼠标经过 */

color: red;

/*　鼠标经过的时候，由原来的灰色变成了红色 */

}

伪类选择器

（链接、目标）

6.2.5 伪元素选择器

之所以被称为伪元素，是因为它们不是真正的页面元素，html 没有对应的元素，但是其所有用法和表现行为与真正的页面元素一样，可以对其使用诸如页面元素一样的 css 样式，表面上看上去貌似是页面的某些元素来展现，实际上是 css 样式展现的行为，因此被称为伪元素。伪元素选择器如表 6.2.20 所示。

表 6.2.20　伪元素选择器

伪元素	示例	示例说明
:before	p:before	在每个<p>元素之前插入内容
:after	p:after	在每个<p>元素之后插入内容

📨 小贴士

· before 和 after 必须有 content 属性。

· before 在内容的前面，after 在内容的后面。

· before 和 after 创建的元素，默认是行内元素。

日常用法如下：

① 简化 html 结构，应用如图 6.2.2 所示。

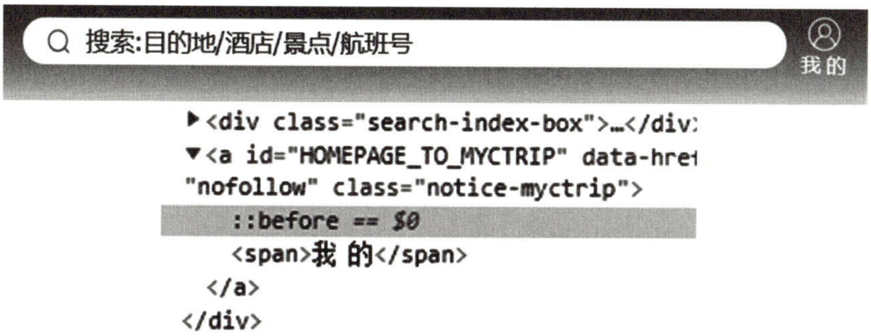

图 6.2.2　伪元素的应用

```
.notice-myctrip::before {
    content: "";
  display: block;
    width: 22px;
    height: 22px;
...      }
```

伪元素

② 使用 before 和 after 双伪元素清除浮动，代码如下：

```
.clearFix::before,
.clearFix::after {
content:"" ;
display:block;
height:0;
line-height:0;
visibility:hidden;
clear:both;
}
```

6.2.6　CSS 三大特性

（1）CSS 层叠性。

所谓层叠性是指多种 CSS 样式的叠加，是浏览器处理冲突的一种能力。如果一个属性通过两个相同选择器设置到同一个元素上，此时一个属性就会将另一个属性层叠掉。

比如：先给某个标签指定了内部文字颜色为红色，接着又指定了颜色为蓝色，此时出现了一个标签指定了相同样式不同值的情况，这就是样式冲突。

一般情况下，如果出现样式冲突，则会按照 CSS 书写顺序，以最后的样式为准。

① 样式冲突，遵循原则是就近原则。哪个样式离结构近，就执行哪个样式。

② 样式不冲突，不会层叠。

如：<head>

<meta charset="UTF-8">

<title>Document</title>

<style>

div {

color: red;

font-size: 25px;

}

div {

color: pink;

}

</style>

</head>

<body>

猜猜我是什么颜色？

</body>

CSS 三大属性-层叠性

最后运行结果为：粉色 pink。

（2）CSS 继承性。

继承性是指书写 CSS 样式表时，子标签会继承父标签的某些样式，如文本颜色和字号。想要设置一个可继承的属性，只需将它应用于父元素即可。

用户恰当地使用继承可以简化代码，降低 CSS 样式的复杂性。子元素可以继承父元素的文字样式（text-，font-，line-这些元素开头的都可以继承，以及 color 属性）。

CSS 三大属性-继承性

注意：

① a 标签不具备继承性，原因是系统给 a 指定了单独样式，学了优先性中的继承权重为 0 就可以解释了。

② CSS 继承性：行高的继承性。

➤ 行高可以带单位，也可以不带单位。

➤如果子元素没有设置行高，则会继承父级行高的 1.5 倍。

➤此时子元素的行高是：当前元素文字大小*1.5。

➤在 body 里面设置行高，则 body 的子元素就可以根据自身内容的大小调整行高。

案例如图 6.2.3 所示，body 的行高为 1.5，div 的字体大小为 20px，则此时 div 的行高为 20*1.5=30px。

```
<head>
    <meta charset="UTF-8">
    <meta name="viewport"
content="width=device-width, initial-
scale=1.0">
    <title>Document</title>
    <style>
        body {
            font: 12px/1.5 sans-serif;
        }

        div {
            font-size: 20px;
        }
    </style>
</head>
<body>
    <div>我自己有文字大小20px</div>
    <p>我没有指定的文字大小</p>
</body>
```

图 6.2.3　行高继承性

（3）CSS 优先性。

定义 CSS 样式时，经常出现两个或更多规则应用在同一元素上，这时就会出现优先级的问题。

在考虑权重时，初学者还需要注意一些特殊情况，具体如下：

继承样式的权重为 0。即在嵌套结构中，不管父元素样式的权重多大，被子元素继承时，其权重都为 0，也就是说子元素定义的样式会覆盖继承来的样式。

CSS 三大属性-优先性

行内样式优先。应用 style 属性的元素，其行内样式的权重非常高，可以理解为远大于 100。总之，它拥有比上面提到的选择器都大的优先级。

权重相同时，CSS 遵循就近原则。也就是说靠近元素的样式具有最大的优先级，或者说排在最后的样式优先级最大。

CSS 定义了一个 !important 命令，该命令被赋予最大的优先级。也就是说，不管权重如何以及样式位置的远近，!important 都具有最大优先级。

一般来说，权值等级划分为 4 个等级，如表 6.2.21 所示。

表 6.2.21　权值等级

等　　级	代　　表	权　　值
第一等级	内联样式，如 style=""	1，0，0，0
第二等级	ID 选择器，如#id=""	0，1，0，0
第三等级	class｜伪类｜属性 选择器，如.class｜：hover｜[type]	0，0，1，0
第四等级	标签｜伪元素 选择器，如 p｜：：after,：：before	0，0，0，1

此外，通用选择器（＊），子选择器（＞），相邻同胞选择器（＋）等选择器不在 4 个等级之内，所以它们的权值都为 0，0，0，0。

!important 命令，该命令被赋予最大的优先级。

权重可以叠加，但是不会进位，如表 6.2.22 所示。

表 6.2.22　权重叠加

选择器	权重计算	分　析
div ul　li	0，0，0，3	3 个标签
.nav ul li	0，0，1，2	1 个类 ＋2 个标签
a:hover	0，0，1，1	1 个伪类 ＋1 个标签
.nav a	0，0，1，1	1 个类 ＋1 个标签
.clearfix::after	0，0，1，1	1 个类 ＋1 个伪元素
#nav p	0，1，0，1	1 个 ID 选择器和 1 个标签

注意：*数位之间没有进制，比如说：0，0，0，5＋0，0，0，5＝0，0，0，10 而不是 0，0，1，0，所以不存在 10 个 div 能超过一个类选择器的情况。

优先级总结如下：

① 使用了!important 声明的规则。

② 内嵌在 HTML 元素的 style 属性里面的声明（行内式）。

③ ID 选择器的规则（#id）。

④ 类选择器、属性选择器和伪类选择器。

⑤ 元素选择器、伪元素选择器。

⑥ 继承的权重是 0。

⑦ 同一类选择器则遵循就近原则。

⑧ 权重是优先级的算法，层叠是优先级的表现。

6.2.7　CSS 元素显示模式

HTML 标签一般分为块标签和行内标签两种类型，也称块元素和行内元素。

（1）块级元素（block-level）。

每个块元素通常都会独自占据一整行或多整行，可以对其设置宽度、高度、对齐等属性，常用于网页布局和网页结构的搭建。

常见的块元素有<h1> ~ <h6>、<p>、<div>、<ul>、<ol>、<li>等，其中<div>标签是最典型的块元素。

块级元素的特点如下：

① 总是从新行开始。

② 高度、行高、外边距以及内边距都可以控制。

③ 宽度默认是容器的 100%。

④ 可以容纳内联元素和其他块元素。

HTML5 里新增的结构语义化标签也是块级元素。

显示模式-块元素和行内元素

🔹 提示

只有文字才能组成段落，因此<p>标签里面不能放块级元素。同理还有标签：<h1>、<h2>、<h3>、<h4>、<h5>、<h6>、<dt>，这些都是文字类块级标签，里面不能放其他块级元素。

（2）行内元素（inline-level）。

行内元素（内联元素）不占有独立的区域，仅仅靠自身的字体大小和图像尺寸来支撑结构，一般不可以设置宽度、高度、对齐等属性，常用于控制页面中文本的样式。

常见的行内元素有<a>、<strong>、<b>、<em>、<i>、<del>、<s>、<ins>、<u>、<span>等，其中<span>标签是最典型的行内元素。

行内元素的特点如下：

① 与相邻行内元素在一行上。

② 不能设置宽、高，但水平方向的 padding 和 margin 可以设置，垂直方向的无效。

③ 默认宽度就是它本身内容的宽度。

④ 行内元素只能容纳文本或其他行内元素。但 a 标签特殊，链接里面不能再放链接，但可以存放其他行内或块级元素。

块级元素和行内元素之间的区别如图 6.2.4 所示。

块级元素的特点：	行内元素的特点：
（1）总是从新行开始。	（1）和相邻行内元素在一行上。
（2）高度，行高、外边距以及内边距都可以控制。	（2）高、宽无效，但水平方向的 padding 和 margin 可以设置，垂直方向的无效。
（3）宽度默认是容器的 100%。	（3）默认宽度就是它本身内容的宽度。
（4）可以容纳内联元素和其他块元素。	（4）行内元素只能容纳文本或者其他行内元素。
（a）块级元素	（b）行内元素

图 6.2.4　块级元素和行内元素的区别

（3）行内块元素（inline-block）。

在行内元素中有几个特殊的标签——<img/>、<input/>、<td>，用户可以对它们设置宽高和对齐属性，有些资料可能会称它们为行内块元素。

行内块元素的特点如下：

① 和相邻行内元素（行内块）在一行上，但是之间会有空白缝隙。

② 默认宽度就是它本身内容的宽度。

③ 高度、行高、外边距以及内边距都可以控制。

行内块元素，既有行内块的特点（相同元素可以同在一行显示），又同时拥有块元素的特征（可以设置宽高属性）。

（4）标签显示模式转换 display。

块转行内：display：inline

行内转块：display：block

块、行内元素转换为行内块：display：inline-block

（5）display：none（元素隐藏）。

css 让元素不可见的方法有很多种，如裁剪、定位到屏幕外边，透明度变换等。但是最常用两种方式就是设置元素样式为 display：none 或者 visibility：hidden。

display：none，该元素以及它的所有后代元素都会隐藏，它是前端

显示模式-行内块和模式转换

display 隐藏元素

开发人员使用频率最高的一种隐藏方式。隐藏后的元素无法点击，无法使用屏幕阅读器等辅助设备访问，占据的空间会消失。

visibility：hidden，也可以隐藏某元素，但是隐藏后位置仍保留，与未隐藏时一样的空间，也就是说虽然元素不可见了，但是仍然会影响页面布局。

关于 display：none 和 visibility：hidden 两者的区别，如图 6.2.5 所示。

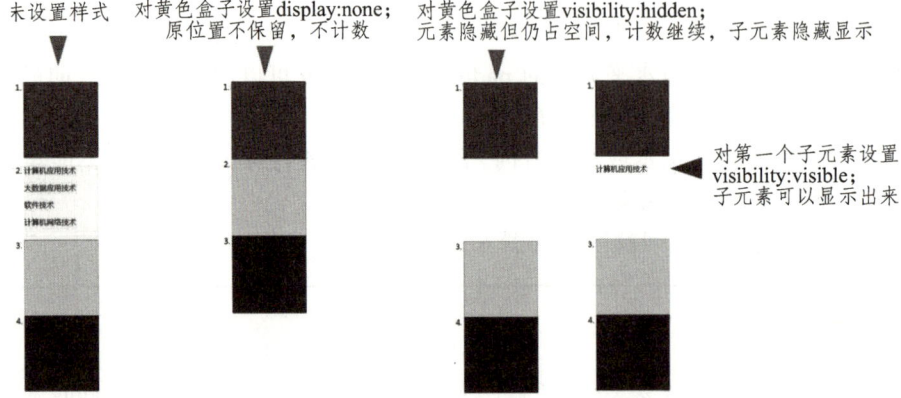

图 6.2.5　display：none 和 visibility：hidden 两者的区别

① display：none 隐藏后的元素不占据任何空间，而 visibility：hidden 隐藏后的元素空间依旧保留。

② visibility 具有继承性，对父元素设置 visibility：hidden，子元素也会继承这个属性。但是如果重新给子元素设置 visibility：visible，则子元素又会显示出来。这个与 display：none 有着本质区别。

displayblock 的用法

③ visibility：hidden 不会影响计数器的计数，虽然元素不见了，但是其计数器仍在运行。

④ CSS3 的 transition 过渡，支持 visibility 属性，但是并不支持 display。由于 transition 可以延迟执行，因此可以配合 visibility 使用纯 css 实现 hover 延时显示效果。

🚀 任务实践

（1）在 VSCode 中，创建站点文件夹，准备好素材资源文件夹，新建 602.html。

（2）根据图 6.2.1 效果将网页分好结构标签，输入内容和图片。

（3）给 body 设置背景颜色#e1e6eb。

（4）设置主导航条背景颜色为#249c6e，内容水平居中。

（5）用 a 标签做好导航菜单，设置宽高为宽度为 16%，高度为 40px（记得要模式转换），导航菜单文字水平、垂直居中，字体颜色为白色，去除 a 自带的下划线。

（6）当鼠标经过菜单时，背景颜色为白色，字体颜色为#249c6e。

（7）主体部分分为左边侧导航和右侧文章部分，模式转换为行内块，水平居中。

（8）左侧导航宽 24%，背景颜色为白色，内容垂直靠上对齐。

（9）设置左侧导航菜单 a，其字体颜色为#249c6e，字符间距为 2px，高度是 60px，水平、垂直居中。

（10）当鼠标经过侧导航菜单时，背景颜色为#249c6e，字体颜色为白色。

（11）右侧文章部分宽度为75%,除主标题居中,其余标签水平左对齐,其余参考 601.html。

（12）页脚部分设置高度为100px，内容字号12px，水平垂直居中。

关于我页面部分代码如表 6.2.23 所示。

表 6.2.23　关于我页面部分代码

序号	HTML 代码
01	`<nav>`
02	`<a href="#">网站首页</a>`
03	`<a href="#">供应大厅</a>`
04	`<a href="#">行业资讯</a>`
05	`<a href="#">农技学堂</a>`
06	`<a href="#">批发专区</a>`
07	`<a href="#" class="active">关于我们</a>`
08	`</nav>`
09	` `
10	`<div class="banner">`
11	`<img src="./images/head.jpg" width="100%">`
12	`</div>`
13	`<main>`
14	`<aside>`
15	` `
16	`<a href="#" class="active">网站简介</a>`
17	`<a href="#">企业文化</a>`
18	`<a href="#">企业荣誉</a>`
19	`<a href="#">人才招聘</a>`
20	`<a href="#">联系我们</a>`
21	`</aside>`
22	`<article>`
23	`<hr>`
24	`<h2>网站简介  <span>company profile</span> </h2>`
25	`<hr>`
26	`<p>...</p>`
27	`...`
28	`</article>`
29	`</main>`
30	` `
31	`<footer>©2013-2023 助农网 版权所有 客服热线：400-000-**** </footer>`

序号	CSS 代码	序号	CSS 代码
01	body {	44	color: #fff;
02	background-color: #e1e6eb;	45	}
03	}	46	article {
04	nav {	47	display: inline-block;
05	background-color: #249c6e;	48	width: 75%;
06	text-align: center;	49	background-color: #fff;
07	}	50	}
08	nav a {	51	article span {
09	display: inline-block;	52	font-weight: normal;
10	width: 16%;	53	font-size: 16px;
11	height: 40px;	54	letter-spacing: normal;
12	line-height: 40px;	55	text-transform: uppercase;
13	text-decoration: none;	56	}
14	text-align: center;	57	article h2 {
15	color: #fff;	58	text-align: center;
16	}	59	letter-spacing: 5px;
17	nav .active,	60	font-size: 22px;
18	nav a:hover {	61	font-family: "仿宋";
19	background-color: #fff;	62	}
20	color: #249c6e;	63	article:not(h2) {
21	}	64	text-align: left;
22	main {	65	}
23	text-align: center;	66	article h3 {
24	}	67	font-size: 18px;
25	aside {	68	font-weight: normal;
26	display: inline-block;	69	color: #249c6e;
27	width: 24%;	70	}
28	vertical-align: top;	71	article h3,
29	background-color: #fff;	72	article p {
30	}	73	text-indent: 2em;
31	aside a {	74	}
32	display: block;	75	article p {
33	height: 60px;	76	line-height: 26px;
34	line-height: 60px;	77	font-family: "仿宋";
35	text-decoration: none;	78	}
36	text-align: center;	79	footer {
37	letter-spacing: 2px;	80	height: 60px;
38	font-size: 20px;	81	line-height: 60px;
39	color: #249c6e;	82	text-align: center;
40	}	83	background-color: #ccc;
41	aside li:hover,	84	color: #555;
42	aside .active {	85	font-size: 12px;
43	background-color: #249c6e;	86	}

📑 探索训练

任务 1 制作个人博客或企业网主页

要求：结合本模块 CSS 样式美化、元素模式转换和前面所学 HTML 标签，尝试制作个人博客或企业网主页，可参考图 6.1 和图 6.2。

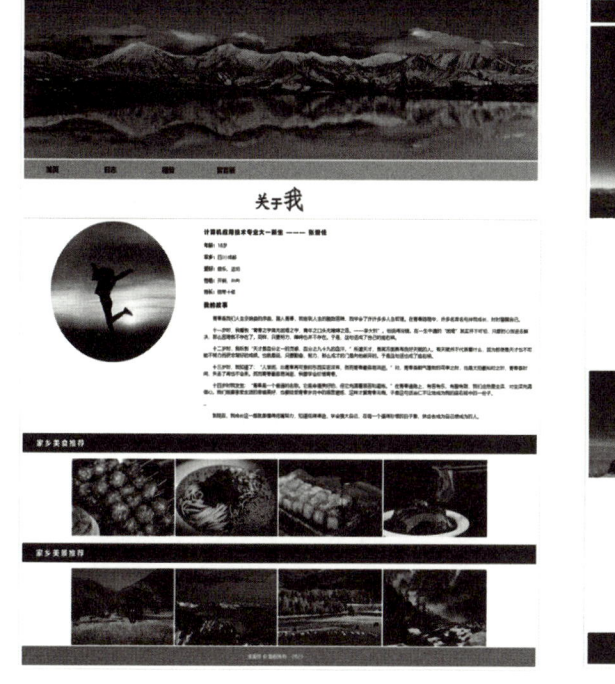

图 6.1 个人博客首页面

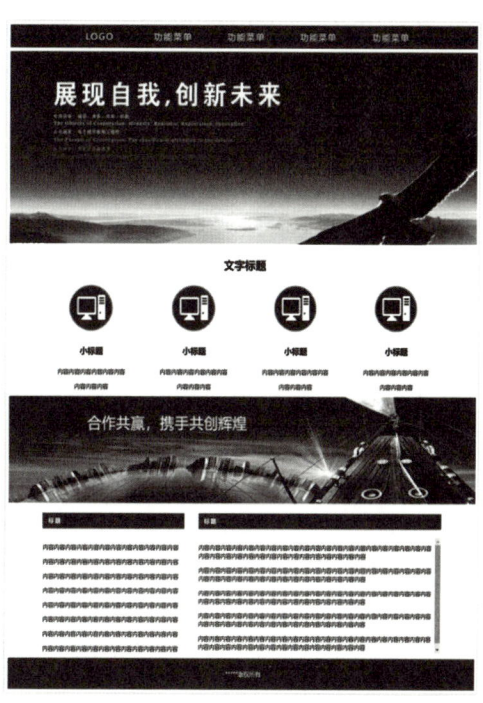

图 6.2 企业网首页面

📑 模块小结

本模块讲解了 CSS 样式规则、CSS 样式引用、CSS 常用的各类选择器、CSS 的三大特性、元素显示模式以及常用的文本、字体属性。通过学习，用户清楚了 CSS 的层叠性、继承性、优先性，学会了通过提升权重来改变优先性，在实际运用中还能根据需求灵活选择适当的选择器，转换显示模式，从而大幅度提高用户编写和修改样式表的效率。

📑 习题与实训

一、选择题

1. 以下 css 中设置文字颜色属性 color 的写法错误的是（　　　）。

    A. h1｛color：red;｝   B. red｛font-color：0066ff;｝

    C. div｛color：rgb(0, 0, 25);｝   D. p｛color:#fff;｝

2. css 文字属性中用于设置文字大小的属性的是（　　　）。

　　A. font-family　B. font-size　　　　　C. text-inBdent　　D. color

3. 设置段落文本水平居中，text-align 属性的值为（　　　）。

　　A. top　　　　B. left　　　　　　　C. center　　　　　D. right

4. 下列关于取消链接 a 标签自带的下划线 text-decoration 代码书写正确的是（　　　）。

　　A. a{text-decoration:line-through;}

　　B. a{text-decoration:none;}

　　C. a{text-decoration:overline;}

　　D. a{ text-decoration:underline;}

5. 以下优先级最高的是（　　　）。

　　A. 内联样式，如 style="color:red;"　　　　　　B. 1 个 ID 选择器

　　C. 1 个类名选择器　　　　　　　　　　　　　　D. 15 个标签后代选择器

6. 下列标签权重最高的是（　　　）。

　　A. ul>li　　　B. .banner a　　　C. #one p　　　D. a:hover

7. 并集选择器，多个选择器之间用（　　　）符号间隔。

　　A. +　　　　　B. 、　　　　　　　C. ;　　　　　　D. ,

8. 选出属于块级的元素（　　　），属于行内块的元素（　　　），属于行内的元素（　　　）。（多选）

　　A. a　　　　　B. li　　　　　　　C. td　　　　　　D. input　　　　　E. div

　　F. span　　　　G. img　　　　　　H. em　　　　　　I. p

9. 下面不属于 CSS 选择器的是（　　　）。

　　A. a{width:20px; height:30px;}　　　　B. a:hover{width:20px; height:30px;}

　　C. CSS{ }　　　　　　　　　　　　　　D. id="a"{ }

10. 下面属于伪类选择器的是（　　　）。

　　A. :hover　　　B. header　　　　C. ul　　　　　　D. #nav

二、判断题

1. ID 选择器在同一个页面中只能调用一次。（　　　）

2. text-align 属性用于设置文本的水平对齐，可适用于所有元素。（　　　）

3. 基础选择器仅三种，分别是标签选择器，类选择器，ID 选择器。（　　　）

4. 权重是没有进位的，如 11 个类名选择器+1 个标签选择器嵌套的权重记作是：0, 0, 11, 1。（　　　）

5. ！important 优先级最高，继承性为 0。（　　　）

6. 后代选择器 A>B，会把 A 下面所有层级的 B 都选中。（　　　）

7. 交集选择器由类选择器和标签选择器构成，书写时，类选择器在前，标签选择器在后。（　　　）

8. display:none; 隐藏后位置仍然保留。（　　　）

9. 元素的模式可以通过属性 display 进行相互转换。（　　　）

10. 伪元素和伪类选择器，权重是一样的。（　　　）

三、程序分析填空题

1.	2.
| ```html
<html lang="en">
<head>
    <meta charset="UTF-8">
    <title>第 1 题</title>
    <style type="text/css">
        #father #son {
            color: blue;
        }
        #father p.c2 {
            color: black;
        }
        div.c1 p.c2 {
            color: red;
        }
        #father {
            color: green !important;
        }
    </style>
</head>
<body>
    <div id="father" class="c1">
        <p id="son" class="c2">
            试问这行字体是什么颜色的？
        </p>
    </div>
</body>
</html>
``` | ```html
<!DOCTYPE html>
<html lang="en">
<head>
    <meta charset="UTF-8">
    <title>第 2 题</title>
    <style type="text/css">
        #father {
    color: red;
        }
        p {
            color: blue;
        }
    </style>
</head>
<body>
    <div id="father">
        <p>试问这行字体是什么颜色的？
</p>
    </div>
</body>
</html>
``` |
| 回答（   ） | 回答（   ） |
| **3.** | **4.** |
| ```html
<html lang="en">
<head>
  <meta charset="UTF-8">
  <title>第 3 题</title>
  <style type="text/css">
    div p{
      color:green;
``` | ```html
<html lang="en">
<head>
  <meta charset="UTF-8">
  <title>第 4 题</title>
  <style type="text/css">
    .c1 .c2 div{
      color: blue;
``` |

续表

`}`
`  #father{`
`    color:blue;`
`  }`
`  p.c2{`
`    color:red;`
`  }`
`  </style>`
`</head>`
`<body>`
`  <div id="father" class="c1">`
`    <p class="c2">`
`      试问这行字体是什么颜色的？`
`    </p>`
`  </div>`
`</body>`
`</html>`
	`  }`
	`  div #box3 {`
	`    color:green;`
	`  }`
	`  #box1 div {`
	`    color:red;`
	`  }`
	`  </style>`
	`</head>`
	`<body>`
	`  <div id="box1" class="c1">`
	`    <div id="box2" class="c2">`
	`      <div id="box3" class="c3">`
	`        文字`
	`      </div>`
	`    </div>`
	`  </div>`
	`</body>`
	`</html>`

回答（　　　）	回答（　　　）

四、实训题

1. 观看互联网关于今年国庆节图文新闻页面，如图 6.3 所示进行仿写页面。

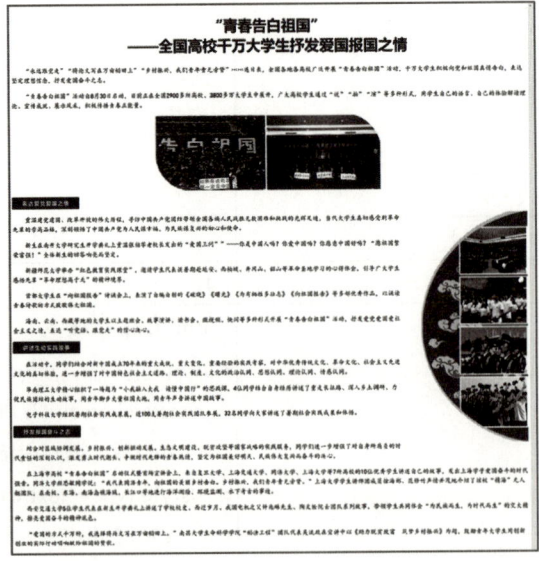

图 6.3　国庆节图文新闻

模块七

盒子模型和背景属性的应用

本模块实现助农网页脚部分。

📋 教学导航

	（1）熟悉盒子模型的概念，能够说出盒子模型的基本结构；
	（2）掌握边框属性的用法，能够为盒子设置不同的边框效果；
	（3）掌握边距属性的用法，能够使用内外边距设置盒子的空间距离；
教学目标	（4）了解盒子宽、高属性，能够计算盒子实际的宽度和高度；
	（5）掌握 box-shadow 属性的用法，能够为盒子添加阴影效果；
	（6）掌握 box-sizing 属性的用法，能够控制盒子的宽度和高度的范围；
	（7）掌握背景属性的用法，能够为盒子设置不同的背景；
	（8）掌握精灵图的使用方法
教学方法	任务驱动法、理实一体化、合作探究法
建议课时	8~12 课时

📋 渐进训练

任务 1　整点秒杀部分

🚀 任务展示

整点秒杀效果如图 7.1.1 所示。

图 7.1.1　整点秒杀部分

■ 任务准备

7.1.1 认识盒模型

行内元素类似牛奶，如果要摆放出造型，需要用一个盒子装起来。前面学过的双标签可以看作为一个盒子。有了盒子，用户就可以装载内容并随意运送摆放位置了。

盒模型的组成

网页布局的本质： 把网页元素（文字图片等等），放入盒子里面，然后利用 CSS 摆放盒子的过程。

盒子模型就是把 HTML 页面中的元素看作是一个矩形的盒子，也就是一个盛装内容的容器。

每个矩形都由元素的内容、内边距（padding）、边框（border）和外边距（margin）组成，如图 7.1.2 所示。

图 7.1.2　网页中盒子的摆放

7.1.2　盒子模型的组成

盒子模型由边框、外边距、内边距和实际内容组成，如图 7.1.3 所示。

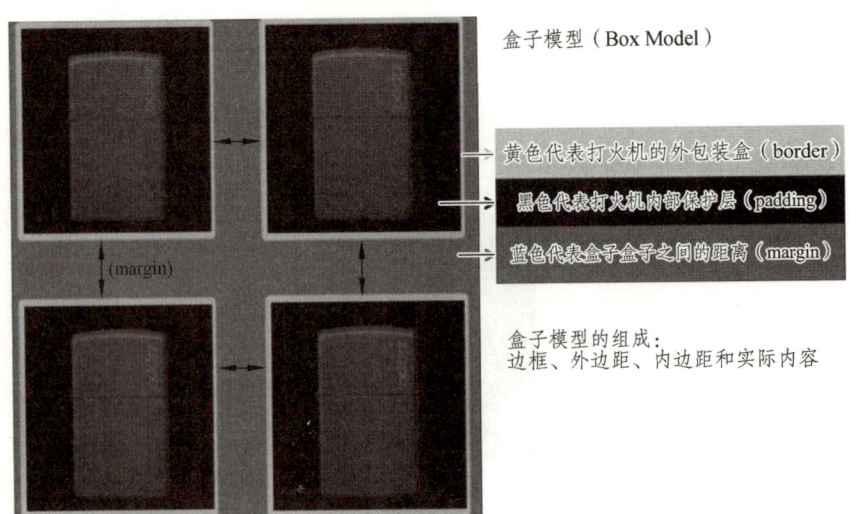

盒子模型（Box Model）

黄色代表打火机的外包装盒（border）

黑色代表打火机内部保护层（padding）

蓝色代表盒子盒子之间的距离（margin）

(margin)

盒子模型的组成：
边框、外边距、内边距和实际内容

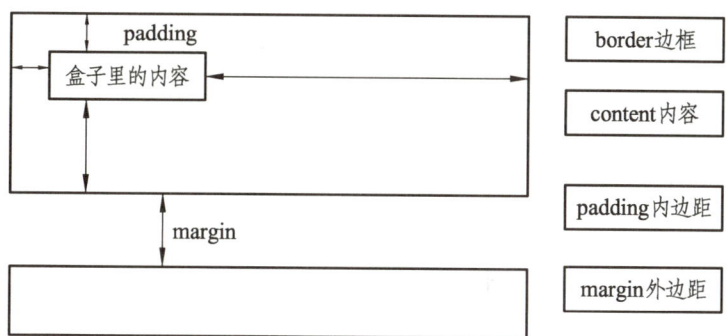

图 7.1.3　盒模型的组成

7.1.3　盒子边框（border）

边框由边框粗细、边框线样式、边框颜色三部分构成。

边框连写语法：

border：border-width || border-style || border-color

border-style 为边框线样式，如图 7.1.4 所示。

盒子边框

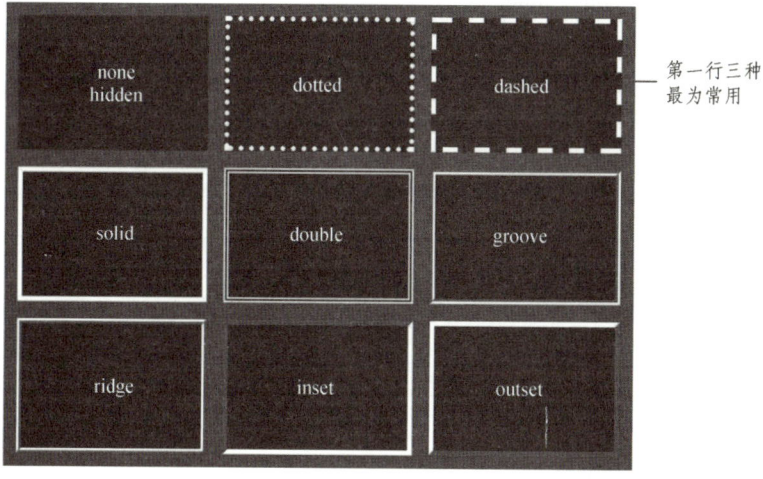

图 7.1.4　边框线样式

边框样式连写案例如下：

代　码	描　述	显示效果
border:5px solid red;	上下左右边线为 5 像素红色实线	
border-top:3px solid red;	上边线为 3 像素红色实线	
border-bottom:5px dashed green;	下边线为 5 像素绿色虚线	
border-left:4px solid blue;	左边线为 4 像素蓝色实线	
border-right:5px solid purple;	右边线为 5 像素紫色实线	

用户可以运用边框属性制作三角形，案例如图 7.1.5 所示。

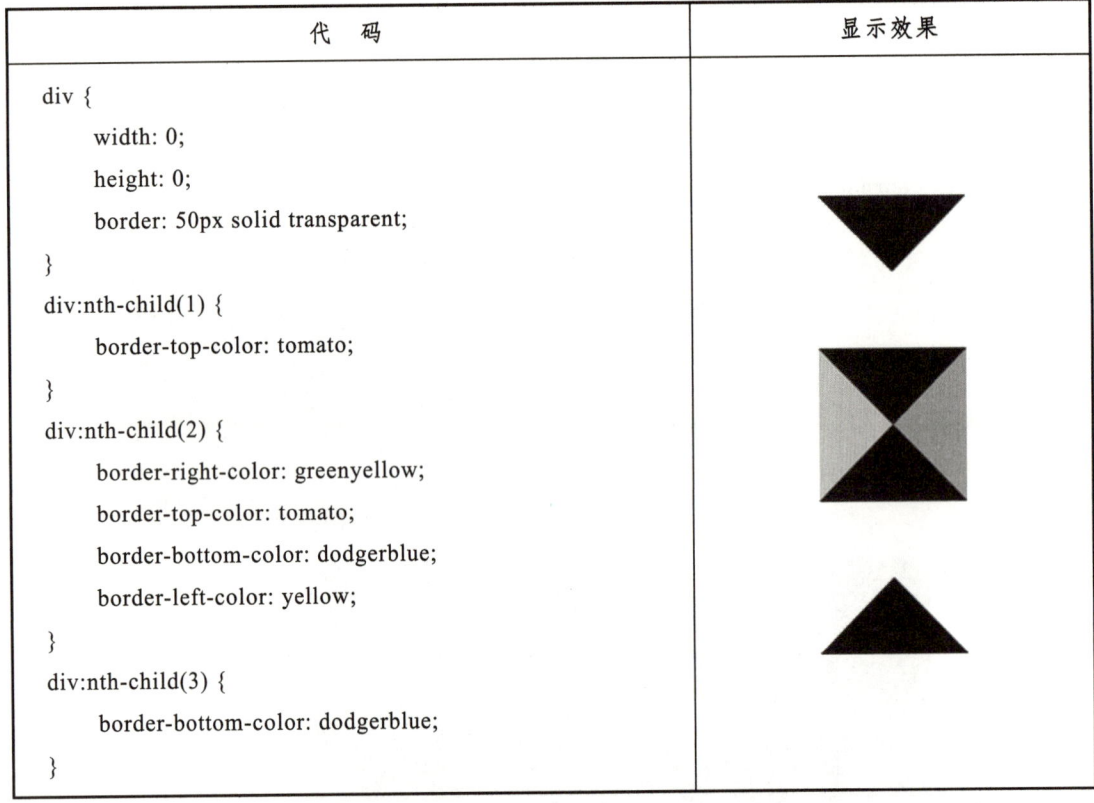

代　码	显示效果
| ```
div {
    width: 0;
    height: 0;
    border: 50px solid transparent;
}
div:nth-child(1) {
    border-top-color: tomato;
}
div:nth-child(2) {
    border-right-color: greenyellow;
    border-top-color: tomato;
    border-bottom-color: dodgerblue;
    border-left-color: yellow;
}
div:nth-child(3) {
    border-bottom-color: dodgerblue;
}
``` | |

图 7.1.5　三角形的制作案例

拓展：border-collapse 边框合并属性。

以前学过的 html 表格相邻边框靠近后，会显示 2 倍的宽度，运用

```
table   {
  border-collapse：collapse;
    }
```

会把相邻边框进行合并叠加在一起，变回 1 倍宽度，效果如图 7.1.6 所示。
```

代码	显示效果

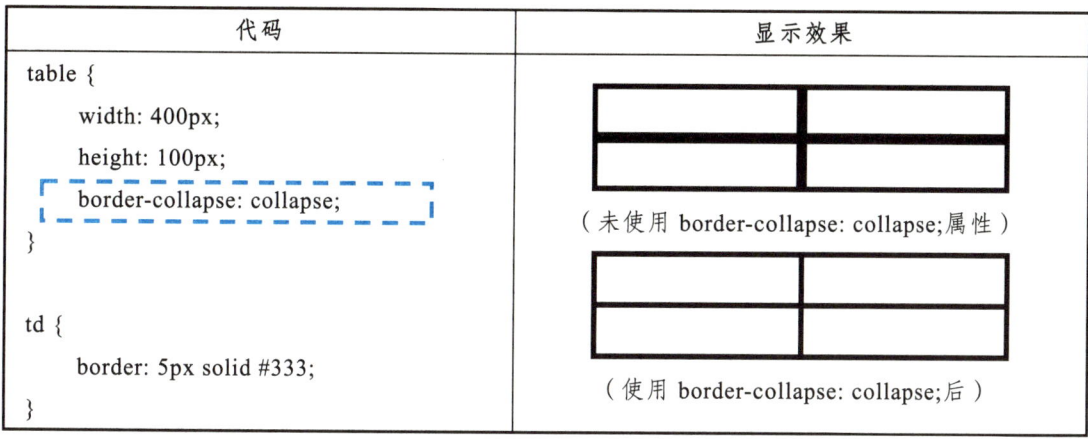 table {
    width: 400px;
    height: 100px;
    border-collapse: collapse;
}
 	
td {
    border: 5px solid #333;
}
	
	（未使用 border-collapse: collapse;属性）
	
	（使用 border-collapse: collapse;后）

图 7.1.6　border-collapse 边框合并属性应用效果

注意：边框会影响盒子的实际大小，如图 7.1.7 所示。

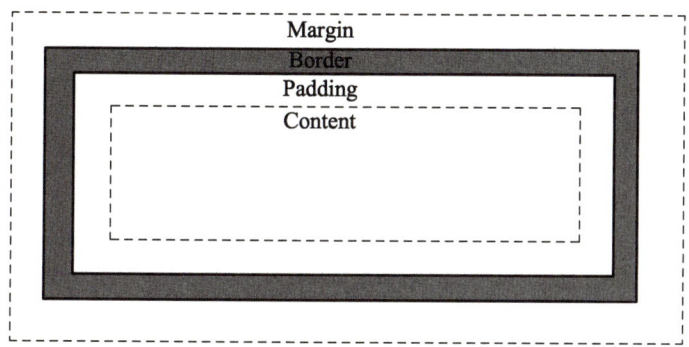

图 7.1.7　盒子模型

解决方法：

① 测量盒子大小时不去量边框。

② 如果测量时已经包含边框，则用 width/height 减去边框的宽度。

7.1.4　内边距（padding）

（1）padding 属性用法。

padding 属性（见表 7.1.1）用于设置内边距，内边距是边框与内容之间的距离。

内边距语法

表 7.1.1　内边距属性

属　性	作　用
padding-top	上内边距
padding-bottom	下内边距
padding-left	左内边距
padding-right	右内边距

padding 后面跟不同数值表示不同的意义。其说明如表 7.1.2 所示。

表 7.1.2　内边距的书写语法

属性书写	说　明
padding:【参数 1】	代表 4 个内边距都是这个值；
padding:5px;	/*上下左右各有 5px 的内边距*/
padding:【参数 1】【参数 2】；	参数 1：表示上下值，参数 2：表示左右值
padding:5px 10px;	/*上下内边距各 5px 左右，内边距各 10px*/
padding:【参数 1】【参数 2】【参数 3】；	参数 1：表示上，参数 2：表示左右值，参数 3：表示下
padding:5px 10px 5px;	/*上内边距 5px　左右内边距各 10px 下内边距 5px*/
padding:【参数 1】【参数 2】【参数 3】【参数 4】；	参数 1：表示上，参数 2：表示右 参数 3：表示下，参数 4：表示左
padding:5px 8px 10px 5px;	/*上内边距 5px 右内边距 8px 下内边距 10px 左内边距 5px*/

（2）内边距会影响盒子的实际大小。

给盒子指定内边距后：

① 内容和边框有了距离。

② padding 撑大了盒子。

解决方法：

内边距应用

为保证盒子和效果图大小一致，则用 width/height 减去多出来的内边距即可。

小技巧：padding 不会撑开没有指定 width/height 的盒子。

（3）导航案例中内边距的运用。

如图 7.1.8 所示，对应代码如表 7.1.3 所示。

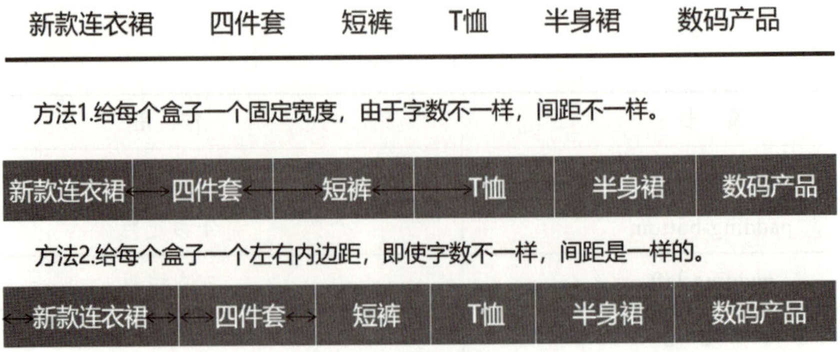

新款连衣裙　　四件套　　短裤　　T恤　　半身裙　　数码产品

方法1.给每个盒子一个固定宽度，由于字数不一样，间距不一样。

新款连衣裙←→四件套←→短裤←→T恤　半身裙　数码产品

方法2.给每个盒子一个左右内边距，即使字数不一样，间距是一样的。

←新款连衣裙→←四件套→　短裤　T恤　半身裙　数码产品

图 7.1.8　导航案例

表 7.1.3　导航案例代码

序号	HTML 代码	CSS 代码
01	\<nav\>	nav {
02	\<a href="#"\>新款连衣裙\</a\>	border-bottom: 3px solid #f00;
03	\<a href="#"\>四件套\</a\>	}
04	\<a href="#"\>短裤\</a\>	nav a {
05	\<a href="#"\>T 恤\</a\>	text-decoration: none;
06	\<a href="#"\>半身裙\</a\>	display: inline-block;
07	\<a href="#"\>数码产品\</a\>	height: 40px;
08	\</nav\>	line-height: 40px;
09		text-align: center;
10		padding: 10px 20px;
11		}

7.1.5　外边距（margin）

（1）margin 属性用法。

margin 属性用于设置外边距，其属性值如表 7.1.4 所示。设置外边距会在元素之间创建"空白区域"，这段空白区域通常不能放置其他内容。其语法同内边距 padding 相同，如表 7.1.5 所示。

表 7.1.4　外边距属性

属　　性	作　　用
margin	上外边距　右外边距　下外边距　左外边距
margin-top	上外边距
margin-bottom	下外边距
margin-left	左外边距
margin-right	右外边距

表 7.1.5　外边距的书写语法

属性书写	说　　明
margin:【参数 1】；	代表 4 个外边距都是这个值；
margin:5px；	/*上下左右各有 5px 的外边距*/
margin:【参数 1】【参数 2】；	参数 1：表示上下值，参数 2：表示左右值
margin:5px 10px；	/*上下外边距各 5px　左右外边距各 10px*/
margin:【参数 1】【参数 2】【参数 3】；	参数 1：表示上，参数 2：表示左右值，参数 3：表示下
margin:5px 10px 5px；	/*上外边距 5px　左右外边距各 10px 下外边距 5px*/
margin:【参数 1】【参数 2】【参数 3】【参数 4】；	参数 1：表示上，参数 2：表示右 参数 3：表示下，参数 4：表示左
margin:5px 8px 10px 5px；	/*上外边距 5px　右外边距 8px 下外边距 10px　左外边距 5px*/

让一个盒子实现水平居中，需要满足以下两个条件：

① 盒子必须是块级元素（行内/行内块元素水平居中，只需给父元素添加 text-align：center）。

② 盒子必须指定宽度（width）。

将左右的外边距都设置为 auto，可使块级元素水平居中。实际工作中常用这种方式进行网页布局，示例代码如下：

```
header {
width:960px;        /*给盒子设置宽度*/
margin:0 auto;      /*让盒子水平居中*/
}
```

（2）外边距合并问题。

① 相邻块元素垂直外边距的合并，如图 7.1.9 所示。

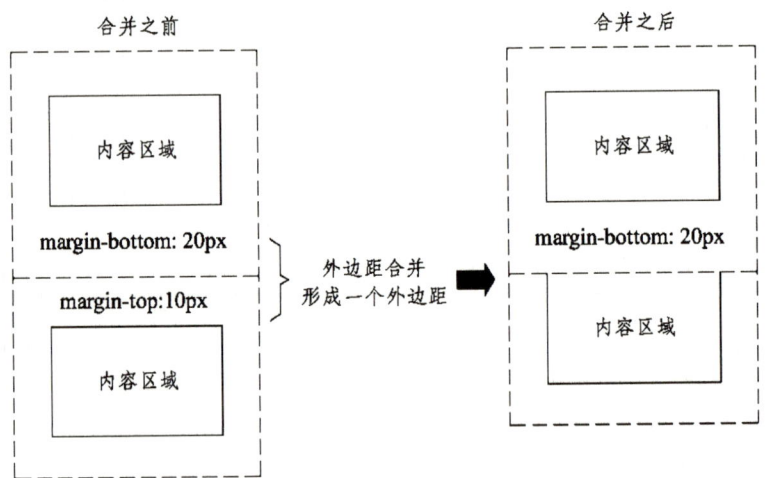

图 7.1.9　相邻块元素垂直外边距合并

当上下相邻的两个块元素相遇时，如果上面的元素有下外边距 margin-bottom，下面的元素有上外边距 margin-top，则它们之间的垂直间距不是 margin-bottom 与 margin-top 之和，而是两者中的较大者。这种现象被称为相邻块元素垂直外边距的合并，也称外边距塌陷。

解决方案：尽量避免。

② 嵌套块元素垂直外边距的合并，即外边距塌陷，如图 7.1.10 所示。

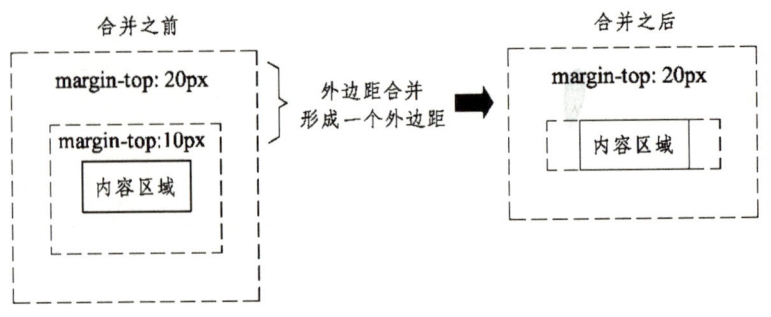

图 7.1.10　嵌套块元素垂直外边距合并

对于两个嵌套关系的块元素，如果父元素没有上内边距及边框，则父元素的上外边距会与子元素的上外边距发生合并，合并后的外边距为两者中的较大者，即使父元素的上外边距为 0，也会发生合并。

解决方案：

· 可以为父元素定义 1 像素的上边框。

· 可以给父元素定义一个上内边距。

· 可以为父元素添加 overflow：hidden。

7.1.6　box-sizing 属性

box-sizing：content-box/border-box；

其中 content-box：定义宽度和高度时不包括 border 和 padding 值（默认）。

border-box：定义宽度和高度时，border 和 padding 包含在 width 和 height 之内。

案例代码如下：

```html
<head>
    <meta charset="UTF-8">
    <meta name="viewport" content="width=device-width, initial-scale=1.0">
    <title>Document</title>
    <style>
        div {
            width: 300px;
            height: 100px;
            border: 10px solid #ccc;
            padding: 10px;
        }
        div:nth-of-type(1) {
            box-sizing: content-box;
        }
        div:nth-of-type(2) {
            box-sizing: border-box;
        }
    </style>
</head>
<body>
    <div>content_box属性：330px</div>
    <br>
    <div>box-sizing属性：300px</div>
</body>
```

代码效果如图 7.1.11 所示。

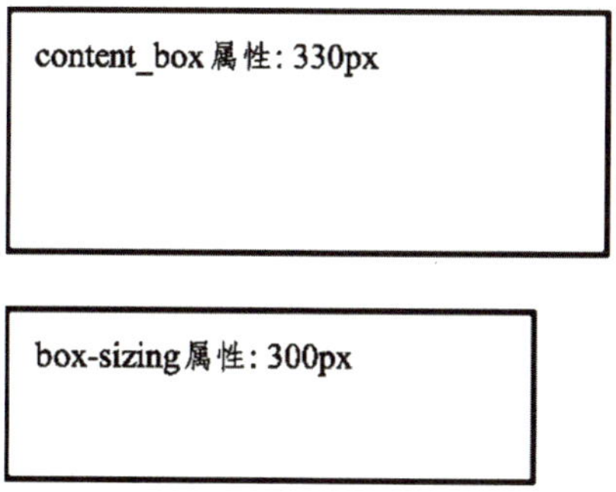

图 7.1.11　案例效果

7.1.7　重置样式之清除内外边距

网页元素很多都带有默认内外边距，不同浏览器则默认值不同。因此在布局之前，首先要清除网页元素自带内外边距，并设置盒模型从边框开始计算。

```
* {
    padding: 0;
    margin: 0;
    box-sizing:border-box;
}
```

注意：行内元素为了照顾兼容性，只设置左右边距，尽量不要设置上下内外边距（避免没有效果），但是转换为块级元素或行内块后就可以了。

7.1.8　圆角边框（border-radius）

语法：border-radius：1-4 length | %;

（参数 1 参数 2 空格隔开时）

一个参数，表示四个角的圆角一样。

两个参数，第一个表示左上角和右下角，第二个表示右上角和左下角。

三个参数，第一个左上角，第二个表示右上角和左下角，第三个表示右下角。

四个参数，四个值的顺序是：左上角，右上角，右下角，左下角。

也可以分开写成：border-top-left-radius、border-top-right-radius、border-bottom-left-radius、border-bottom-right-radius。

如：border-radius: 15px 50px;

相当于　border-top-left-radius: 15px;　　border-bottom-right-radius:15px;

　　　　　border-top-right-radius:50px;　　border-bottom-left-radius: 50px;

（参数 1 参数 2 斜线隔开时）

参数 1 表示 x 轴，参数 2 表示 y 轴

如：border-radius: 15px / 20px;

相当于四个角圆角都是：　15px 20px;

border-radius: 15px 20px / 30px;

15px 代表左上和右下角的 X 轴，20px 代表右上和左下 x 轴，30px 代表 y 轴，

相当于　　border-top-left-radius: 15px 30px;

　　　　　　border-top-right-radius: 20px 30px;

　　　　　　border-bottom-right-radius: 15px 30px;

　　　　　　border-bottom-left-radius: 20px 30px;

以此类推，类似内外边距的连写。

border-radius: 10px 20px 30px/40px 50px;

相当于　　border-top-left-radius: 10px 40px;

　　　　　　border-top-right-radius: 20px 50px;

圆角边框和盒子阴影

border-bottom-right-radius: 30px 40px ;

border-bottom-left-radius: 20px 50px;

圆角原理如图 7.1.12 所示。

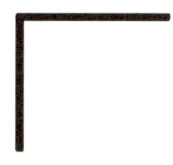  

No rounded comer   Rounded using an   Rounded using an
                    arc of circle   arc of ellipse

图 7.1.12　圆角原理

如果是正方形盒子，把数字修改为宽高的一半，或者写为 50%，就可以得到一个圆形盒子，如：border-radius：50%；

如果是矩形设置高度一半，效果如图 7.1.13 所示。

图 7.1.13　圆角设置

7.1.9　图像边框（border-image）

border-image 是一个复合属性，包括 border-image-source, border-image-slice, border-image-width, border-image-outset 和 border-image-repeat。具体描述如表 7.1.6 所示。

语法如下：

border-image:	source	slice/width/outset	repeat;
border-image:	图像的路径 url()	图像边界向内偏移/ 图像宽度/ 边框与图像边框的距离	重复（repeat） 拉伸（stretch） 铺满（round）

表 7.1.6　图像边框属性

属　性	描　述	常用值
border-image-source	用于指定图像的路径	URL
border-image-slice	用于指定边框顶部、右侧、底部、左侧的向内偏移量	百分比
border-image-width	用于指定边框的宽度	像素值
border-image-outset	用于指定边框图像与边框的距离	数字
border-image-repeat	用于指定图像的填充方式	repeat 平铺 stretch 拉伸

图像边框案例如表 7.1.7 所示。

表 7.1.7 图像边框案例

CSS 代码	显示效果

/*公共部分*//*需要先定义边框的样式*/
 	
div {
    border: 40px solid transparent;
    width: 200px;
    height: 200px;
    }
	/*选用图片*/

div {
    border-image: url(./images/border.png) 30 30 repeat;
  }
    /*第 1 个 30 表示上下边框高度，第 2 个 30 表示左右边框宽度，铺满*/	

div {
    border-image: url(./images/border.png) 30 30 stretch;
    }
/*拉伸*/	

7.1.10 盒子阴影（box-shadow）

语法：box-shadow：像素值 1 像素值 2 像素值 3 像素值 4 颜色值 阴影类

其属性说明如表 7.1.8 所示。

表 7.1.8 盒子阴影属性说明

参数值	说 明
像素 1	表示元素水平阴影的位置，可以为负值（必选属性）
像素 2	表示元素垂直阴影的位置，可以为负值（必选属性）
像素 3	阴影模糊半径（可选属性），数值越大越模糊
像素 4	阴影扩展半径，不能为负值（可选属性），数值越大阴影越大
颜色值	阴影颜色（可选属性）
阴影类型	内阴影（inset）/外阴影（默认）（可选属性）

 如：box-shadow: 8px -5px 8px 3px rgba(0, 0, 0, .5);

🚀 任务实践

（1）在 VSCode 中，创建站点文件夹，准备好素材资源文件夹，新建 701.html。

（2）参考图 7.1.1 创建一个宽高为 220*250 的秒杀盒子元素，设置字体颜色为白色、内容水平居中、内边距 10px，并添加 CSS3 盒模型边框和内边距的值是包含在 width 内和

10px 圆角边框，并设置背景颜色。

（3）设置"整点秒杀"字号为 24px，字符间距 3px。

（4）将闪电图片宽度设置为 40px，秒杀时间字号设置为 18px。

（5）设置时分秒盒子大小 35*35，字号 18px，加粗，水平垂直居中，5px 圆角边框，黑色背景颜色。

（6）装":"号的盒子与装时分秒的盒子不同的是，冒号盒子宽度为 10px，无背景颜色。

案例秒杀部分代码如表 7.1.9 所示。

表 7.1.9　秒杀部分代码

序号	HTML 代码
01	<div class="seckill">
02	<h3>整点秒杀</h3>
03	<img src="./images/sd.png" alt="">
04	<p><b>20:00</b>点场 距结束</p>
05	<div>
06	<span>01</span>
07	<span>:</span>
08	<span>02</span>
09	<span>:</span>
10	<span>14</span>
11	</div>
12	</div>

序号	CSS 代码	序号	CSS 代码
01	.seckill {	20	.seckill b {
02	width: 220px;	21	font-size: 18px;
03	height: 250px;	22	}
04	background:　　　　　　　-webkit-linear-	23	.seckill span {
05	gradient(left top, #d04242, #ffb300);	24	display: inline-block;
06	text-align: center;	25	width: 35px;
07	padding: 10px;	26	height: 35px;
08	box-sizing: border-box;	27	font-size: 18px;
09	color: #fff;	28	font-weight: 700;
10	border-radius: 10px;	29	text-align: center;
11	}	30	line-height: 35px;
12	.seckill h3 {	31	border-radius: 5px;
13	font-size: 24px;	32	}
14	letter-spacing: 3px;	33	.seckill span:nth-of-type(odd) {
15	}	34	background-color: #000;
16	.seckill img {	35	}
17	width: 40px;	36	.seckill span:nth-of-type(even) {
18	}	37	width: 10px;
19		38	}

任务 2　个人页面首页

🚀 任务展示

个人页面首页展示效果如图 7.2.1 所示。

图 7.2.1　个人页面首页展示

🚀 任务准备

CSS 背景属性可以给页面元素添加背景样式。背景属性可以设置背景颜色、背景图片、背景平铺、背景图片位置、背景图像固定等，如表 7.2.1 所示。

表 7.2.1　背景属性

值	描　述
background-color	规定要使用的背景颜色
background-image	规定要使用的背景图像
background-repeat	规定如何重复图像
background-position	规定背景图像的位置
background-size	规定背景的尺寸
background-attachment	规定背景图像是否固定或者跟随页面其余部分滚动

7.2.1　背景颜色（background-color）

background-color 定义了元素的颜色。

语法：background-color：颜色值；

一般情况下，默认背景颜色值是 transparent（透明）。

颜色值：可以是颜色单词、十六进制、RGB 值等 W3C 允许的颜色值。

使用十六进制代码，即使用 6 个十六进制数字。

背景-背景颜色

使用 RGB，即使用 RGB 指定每个颜色的亮度，数字介于 0 到 255 之间。

CSS3 支持背景半透明的写法，语法格式如下：

background：rgba（0, 0, 0, .5）；

最后一个参数是 alpha 透明度，取值范围：0~1，或者用 opacity，opacity 取值是介于 0 到 1 之间的浮点数值，其中 0 表示完全透明，1 表示完全不透明：

background-color：#000；

opacity：0.5；

✈ 小提示

rgba 和 opacity 的区别：

rgba:只能用于设置背景颜色的透明度，不能用于背景图片和其他元素。

opacity：可以设置背景图像的透明度，以及其他元素的透明度。

7.2.2　背景图片（background-image）

background-image 属性描述元素的背景图像，语法：

background-image：none | url（url）

背景图片属性值如表 7.2.2 所示。

表 7.2.2　背景图像属性

参数值	作　用
none	无背景图（默认的）
url	使用绝对或相对地址指定背景图像

✈ 小技巧

背景图片后面的地址，即 url 不要加引号。

✈ 提示

CSS3 中 background-image 属性允许指定一个或多个图片展示在背景中，可以与 background- color 连用，背景图片会压在背景颜色上面，如图 7.2.2 所示。

➤ 当图片不重复，图片覆盖不到的地方都会被背景色填充；

➤ 当背景图片平铺时，则会覆盖背景颜色。

背景颜色和背景图片连用代码如下：

```
div {
            height: 900px;
            background-color: deepskyblue;
            background-image: url(imgs/taiyang.png);
            background-repeat: no-repeat;
            background-size: 200px;
        }
```

背景-背景图片

图 7.2.2　背景颜色和背景图片连用

7.2.3　背景平铺（background-repeat）

语法：background-repeat：repeat | no-repeat | repeat-x | repeat-y

背景平铺属性如表 7.2.3 所示，其案例如图 7.2.3 所示。

表 7.2.3　背景平铺的属性

参　　数	参数值
repeat	背景图像在纵向和横向上平铺（默认的）
no-repeat	背景图像不平铺
repeat-x	背景图像在横向上平铺
repeat-y	背景图像在纵向平铺

设置背景图片时，默认把图片在水平和垂直方向平铺以铺满整个元素。

repeat-x：背景图像在横向上平铺。

repeat-y：背景图像在纵向上平铺。

repeat（默认的）　　　　　　　　　　　no-repeat

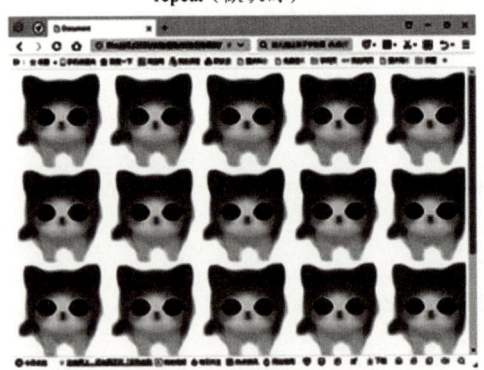
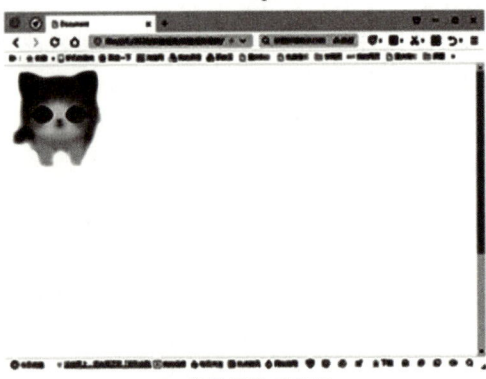

背景图像在纵向和横向上平铺　　　　　　　背景图像不平铺

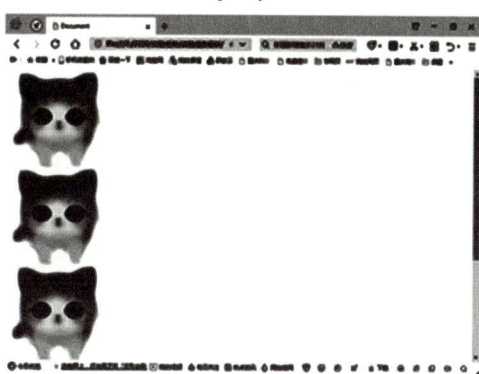

图 7.2.3　背景平铺

7.2.4　背景位置（background-position）

语法：background-position：length

length：百分数 ｜ 由浮点数字和单位标识符组成的长度值，请参阅长度单位。

background-position：position

position：top | center | bottom | left | center | right

背景-背景定位

说明：

若设置或检索对象的背景图像位置，必须先指定 background-image 属性，默认值为：（0% 0%）。

如果只指定了一个值，该值将用于横坐标 X，纵坐标 Y 将默认为 50%。

如果指定了两个值，第一个值将用于横坐标 X，第二个值将用于纵坐标 Y。

背景位置参数值如表 7.2.4 所示，案例如图 7.2.4 所示。

表 7.2.4　背景位置参数值

background-position：	水平（X 轴）	垂直（Y 轴）	说　明
center top	居中	靠上	大图常常使用水平居中，顶部对齐
right	靠右	居中	只写一个值，另一个默认水平/垂直居中对齐
60px 50px	60px	50px	距离左边 60 像素，距离上边 50 像素
60px center	60px	居中	距离左边 60 像素，垂直居中

总结：

position 后面是 x 坐标和 y 坐标，可以使用方位名词或者精确单位。

① 参数是方位名词。如果两个值都是方位名词，则两个值前后顺序无关。

比如：background-position：right top；等同 background-position：top right；

如果只指定了一个方位名词，另一个值省略，则默认第二个值居中对齐。

② 参数是精确单位。

如果两个值都是精确单位，则第一个是 X 坐标，第二个是 Y 坐标。

如果只指定了一个值，那么该值一定是 X 坐标，Y 坐标默认垂直居中。

③ 参数是混合单位。

如果精确单位和方位名称混合使用，则必须是 X 坐标在前，Y 坐标在后。

比如：background-position：15px top；则 15px 一定是 X 坐标，top 是 Y 坐标。

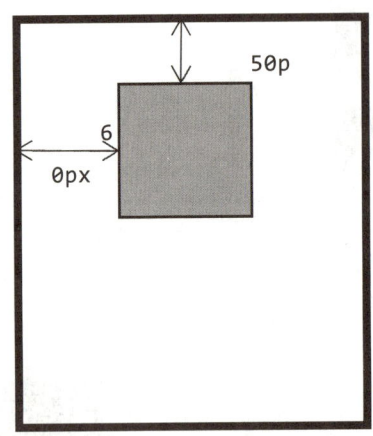 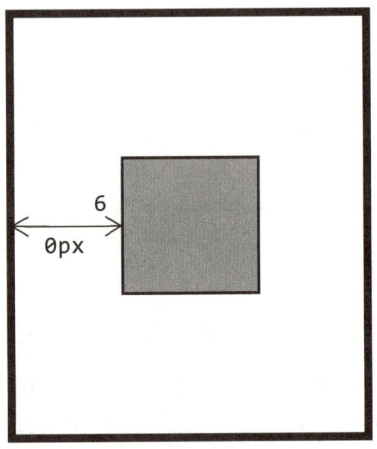

background-position：60px 50px；   **background-position**：60px center；

图 7.2.4 　背景位置案例

通过设置背景图片位置，让图片中间核心位置得以展示，案例如图 7.2.5 所示。

（a）背景位置靠前   （b）设置靠下居中后

图 7.2.5 　背景位置前和设置靠上居中后

7.2.5　背景图像固定/附着（background-attachment）

背景图像固定/附着属性如表 7.2.5 所示，用于设置或检索背景图像是随对象内容滚动还是固定的。语法：

background-attachment：scroll | fixed

背景固定和连写

表 7.2.5　背景图像固定/附着属性

参数	参数值
scroll	背景图像随对象内容滚动（默认的）
fixed	背景图像固定

7.2.6　背景连写（background）

为简化代码，这里将以上属性合并简写在 background 属性中，简写属性书写顺序官方并没有强制标准。为了可读性，推荐写法如表 7.2.6 所示。

表 7.2.6　背景连写

连写属性	背景颜色	背景图片地址	背景平铺	背景滚动	背景位置
background:	rgb	url( )	repeat	scroll	0%　0%

如：background：#FFF url（image.jpg）no-repeat　scroll center top；

7.2.7　背景尺寸（background-size）

背景尺寸属性如表 7.2.7 所示。

语法：

background-size：cover | contain

表 7.2.7　背景尺寸属性

参数	参数值
cover	把背景图像扩展到足够大，使背景图片完全覆盖背景区域
contain	把背景图像扩展至最大尺寸，保证背景图片在背景区域内全部可见
百分比	以父元素的百分比来设置背景图像的宽度和高度 第 1 个是宽度，第 2 个是高度 只写一个值，另一个默认为 auto
像素值	设置背景图高度和宽度 第 1 个是宽度，第 2 个是高度 只写一个值，另一个默认为 auto

背景尺寸属性设置案例如图 7.2.6 所示。

图片原始大小

background-size: cover

把背景图像扩展到足够大，使背景图片完全覆盖背景区域，但图像某些部分可能无法显示

background-size: contain

把图像扩展至最大尺寸，保证背景图片在背景区域内全部可见，但背景区域可能不会被填满

background-size: 100% 100%

以父元素的百分比来设置
背景图的宽度和高度

background-size: 300px

以像素值设置背景图高
度和宽度。只写一个值，
高度默认自动等比缩放

背景尺寸

图 7.2.6　背景尺寸属性设置

7.2.8　多重背景

多个图片背景设置时，属性值之间用逗号"，"隔开，越往前的层
级越高（越在上层）。

多图像背景设置案例如图 7.2.7 所示。

多重背景

```
<head>
    <meta charset="UTF-8">
    <meta name="viewport" content="width=device-width, initial-scale=1.0">
    <title>Document</title>
    <style>
        div {
            border: 1px solid #ccc;
            width: 600px;
            height: 300px;
            background-image: url(images/caodi.png), url(images/taiyang.png), url(images/tiank.jpg);
            background-repeat: no-repeat;
            background-position: bottom, 90% 10%, center;
            background-size: 100% 40%, 100px 100px, cover;
        }
    </style>
</head>
<body>
    <div>
    </div>
</body>
```

caodi　taiyang　tiankong

图 7.2.7　多图像背景设置

7.2.9　背景渐变

（1）线性渐变。

语法：

background-image：linear-gradient（direction, color1, color2 [stop], ...colorn）；

background-image：linear-gradient（线性渐变的方向，颜色 1，颜色 2，...颜色 n）；

① 方向起点（从哪里开始）。

top：设置渐变从上到下，为默认值。

bottom：设置渐变从下到上。

left：设置渐变从左到右。

right：设置渐变从右到左。

② 角度（angle）。

背景线性渐变

角度用数字+单位来进行表示，单位使用 deg。所有的颜色都从中心出发，0deg 是 to top 的方向，顺时针是正，逆时针是负，如图 7.2.8 所示。该属性需要 css3 中的兼容前缀，如图 7.2.9 所示。背景渐变说明如图 7.2.10 所示。背景渐变案例如图 7.2.11 所示。

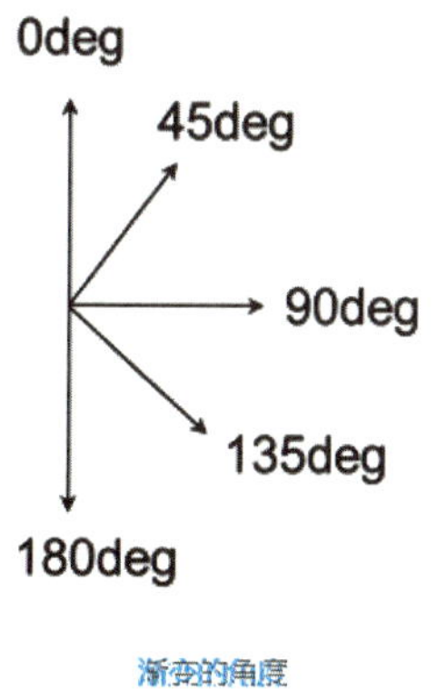

图 7.2.9　兼容前缀

-webkit-linear-gradient(top, #ccc, #000);

图 7.2.8　渐变的角度

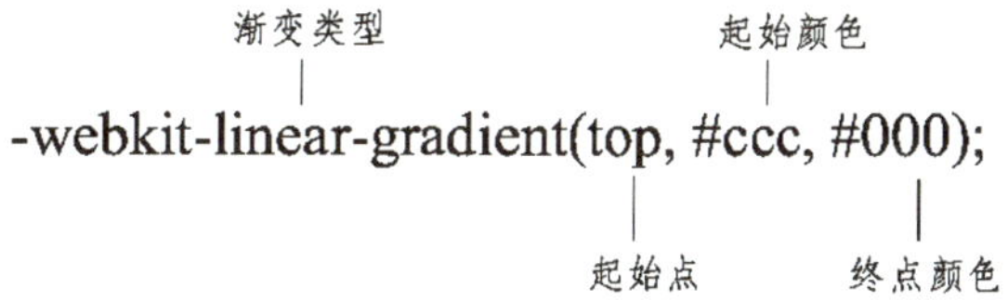

图 7.2.10　背景渐变说明

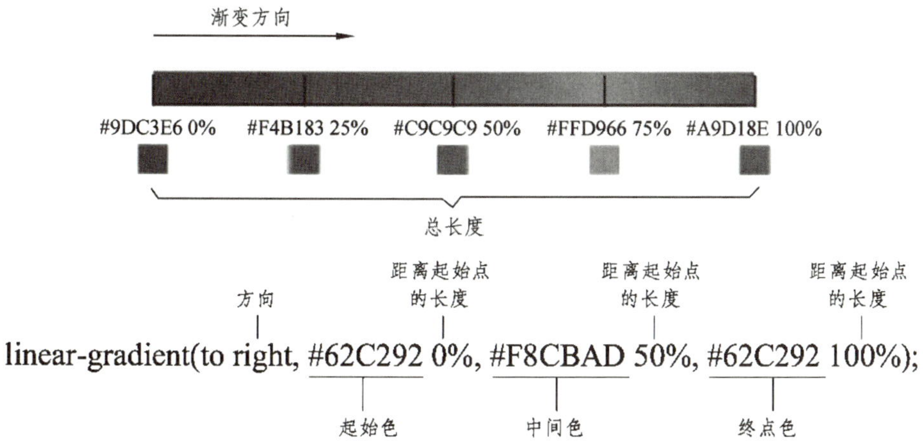

linear-gradient(to right, #62C292 0%, #F8CBAD 50%, #62C292 100%);

图 7.2.11　背景渐变案例

（2）径向渐变。

语法：

background-image:radial-gradient (shape size at position, start-color, ..., last-color);

background-image:radial-gradient（圆的类型、径向渐变的尺寸、渐变位置，径向渐变的起止颜色）；

径向渐变属性如表 7.2.8 所示。

表 7.2.8 径向渐变属性

参数	参数值
shape	确定圆的类型： ellipse（默认）：指定椭圆形的径向渐变 circle：指定圆形的径向渐变
size	定义渐变的大小，可能值： farthest-corner（默认）：指定径向渐变的半径长度为从圆心到离圆心最远的角 closest-side：指定径向渐变的半径长度为从圆心到离圆心最近的边 closest-corner：指定径向渐变的半径长度为从圆心到离圆心最近的角 farthest-side：指定径向渐变的半径长度为从圆心到离圆心最远的边
position	定义渐变的位置。可能值： center（默认）：设置中间为径向渐变圆心的纵坐标值 top：设置顶部为径向渐变圆心的纵坐标值 bottom：设置底部为径向渐变圆心的纵坐标值
start-color last-color	用于指定渐变的起止颜色

径向渐变案例如图 7.2.12 所示。

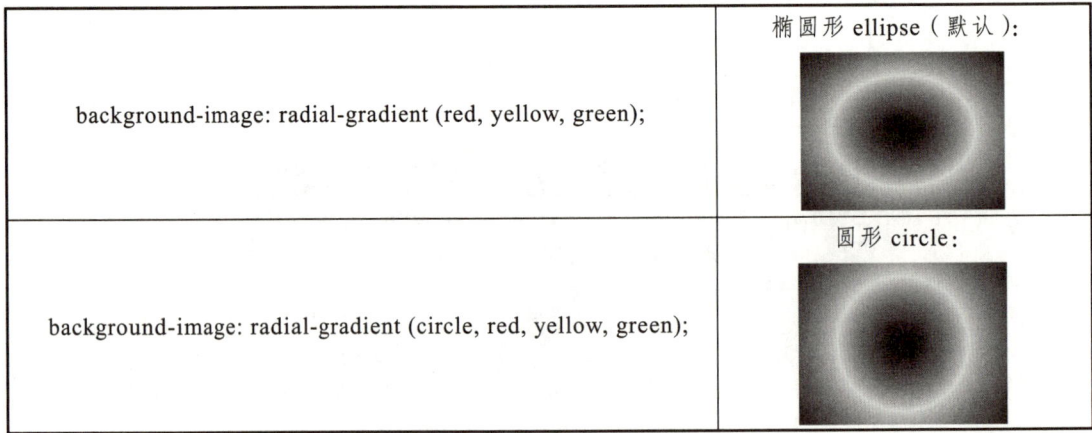

图 7.2.12 径向渐变案例

（3）重复线性渐变。

repeating-linear-gradient() 函数用于创建重复的线性渐变"图像"。

语法：

background: repeating-linear-gradient(angle | to side-or-corner, color-stop1, color-stop2, ...);

background: repeating-linear-gradient（渐变角度| 方向，颜色 1，颜色 2，...颜色 n）；

重复线性渐变案例如表 7.2.9 所示。

表 7.2.9　重复线性渐变案例

代码	实现效果

#grad2 {
height: 200px;
background-image: repeating-linear-gradient(45deg, #000,
#ccc 7%, #fff 10%);
}	

（4）重复径向渐变。

repeating-radial-gradient() 函数用于创建重复的径向渐变图像。

语法：

background-image: repeating-radial-gradient(shape size at position, start-color, ..., last-color);

background-image: repeating-radial-gradien（渐变形状 中心位置，颜色 1，颜色 2，...颜色 n）

属性值可以参考表 7.2.8，其案例如表 7.2.10 所示。

表 7.2.10　重复径向渐变案例

代码	实现效果

div {
　height: 200px;
　background-image:　repeating-radial-gradient(#000,
#ccc 10%, #333 15%);
}	

⚡**任务实践**

（1）在 VSCode 中，创建站点文件夹，准备好素材资源文件夹，新建 702.html。

（2）设置 body 背景色为#ccc，创建<nav>标签，设置其内容水平居中对齐，.nav 包含 6 个宽高为 150*91 的 a 链接。

（3）a 里面的文字要求水平、视觉上垂直居中，白色，22px，去掉下划线。

（4）nav 背景图像为 head_bg1.jpg，并设置水平平铺。

（5）当鼠标经过导航时，a 的字体颜色变为蓝色，背景为 xuanfu.png，设置居中、不平铺。

（6）<nav>下添加兄弟标签为<section>，设置高度为 780px，背景添加 banner1.jpg，尺寸 cover（拉伸满整个容器），顶部居中显示。

个人首页展示代码如表 7.2.11 所示。

表 7.2.11 个人首页展示代码

序号	HTML 代码
01	`<nav>`
02	`<a href="#">`首页`</a>`
03	`<a href="#">`个人简历`</a>`
04	`<a href="#">`个人相册`</a>`
05	`<a href="#">`获奖证书`</a>`
06	`<a href="#">`作品专栏`</a>`
07	`<a href="#">`联系我们`</a>`
08	`</nav>`
09	`<section></section>`

序号	CSS 代码	序号	CSS 代码
01	body {	16	font-size: 22px;
02	background-color: #ccc;	17	text-decoration: none;
03	}	18	}
04	nav {	19	nav a:hover {
05	text-align: center;	20	color: rgb(1, 102, 255);
06	background: url (imgs/head_bg1.	21	background: url(imgs/xuanfu.png) no-repeat
07	jpg) repeat-x;	22	center;
08	}	23	}
09	a {	24	section {
10	display: inline-block;	25	height: 780px;
11	width: 150px;	26	background: url(imgs/banner1.jpg) no-repeat
12	height: 91px;	27	top center;
13	line-height: 70px;	28	background-size: cover;
14	text-align: center;	29	}
15	color: #fff;		

任务 3 助农网页面底部部分

🔹 **任务展示**

助农网网页底部效果如图 7.3.1 所示。

图 7.3.1 助农网网页底部部分

⚡ **任务准备**

7.3.1　认识精灵图（position）

精灵图又名雪碧图，即 CSS Sprites，是一种 CSS 图像合并技术。

当网页图像过多时，服务器就会频繁地接收和发送请求图片，如图 7.3.2 所示，造成服务器压力过大，降低页面加载速度。

认识精灵图

精灵图是将小图标和背景图像合并到一张大图片上，然后利用 CSS 的背景定位来显示需要显示的图片部分。所以在首次加载页面的时候，就不用加载过多的小图片，只需要加载出将小图片合并起来的那一张大图片（也就是精灵图）即可，这样在一定程度上减少了服务器接收和发送请求的次数，提高了页面的加载速度。案例如图 7.3.3 所示。

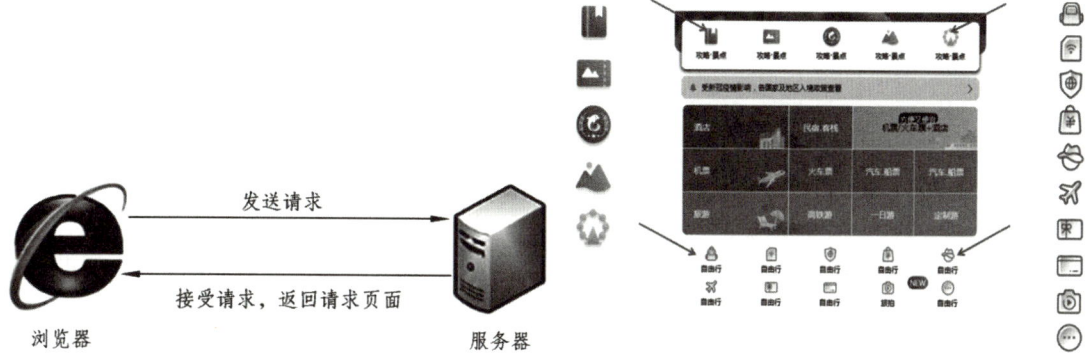

图 7.3.2　浏览器与服务器　　　　图 7.3.3　携程网移动端的精灵图使用

7.3.2　精灵图的使用方法

（1）创建一个容器（如<div>标签、<span>标签等）来加载精灵图。

（2）设置 background-position 的值（默认为（0，0），也就是图片的左上角），即移动图片到自己想要的图标位置。代码为：

background-position：-Xpx -Ypx;

为什么使用雪碧图时 background-position 属性值为负数？

操作过程：用 Fireworks 打开图片，第一步：锁定图层；第二步：选择 Web 切片工具，选择要切的图片；第三步：记录下当前坐标。将图片向左移 X 个单位，然后向上移 Y 个单位，而网页的坐标向右为正，向下为正，如图 7.3.4 所示。

精灵图的测量工具可以使用 Fireworks，也可以使用 Adobe Photoshop，这里以使用 Fireworks 为例。Fireworks 是 Macromedia 公司发布的一款专为网络图形设计的图形编辑软件，它大大简化了网络图形设计的难度，使用 Fireworks 不仅可以轻松地制作出十分动感的 GIF 动画，还可以轻易地完成大图切割、动态按钮、动态翻转图等，因此，对于辅助网页编辑来说，Fireworks 将是最大的功臣。借助于该工具，您可以在直观、可定制的环境中创建和优化用于网页的图像并进行精确控制。

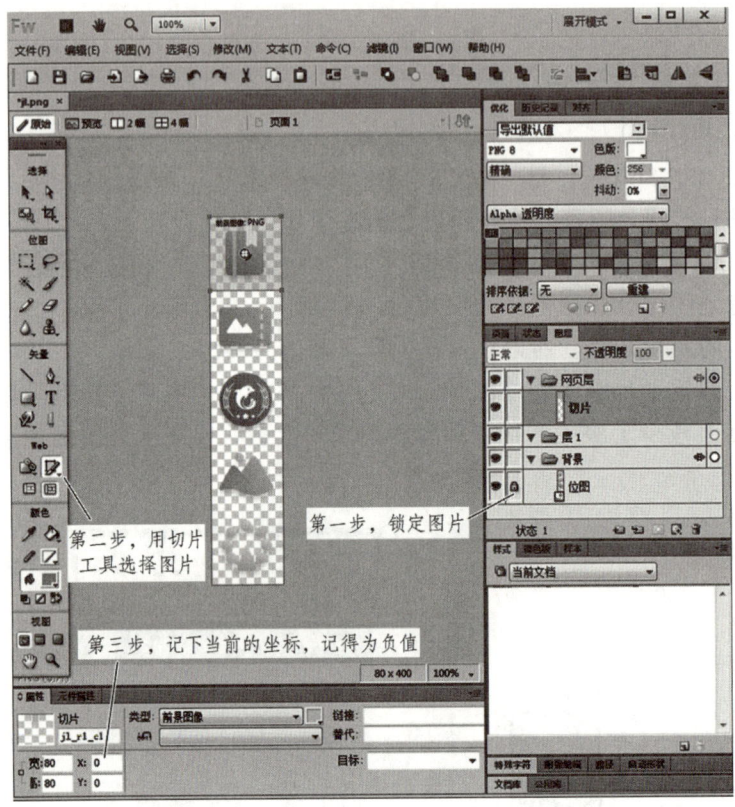

第一步，锁定图片

第二步，用切片
工具选择图片

第三步，记下当前的坐标，记得为负值

图 7.3.4　Fireworks 测量精灵图步骤

精灵图的使用

7.3.3　二倍图

移动端使用的精灵图一般采用 2 倍图或者 3 倍图，使用方法如下：

（1）在 Fireworks 中打开精灵图，记录此时精灵图大小，如图 7.3.5 所示。将这个精灵背景图等比例缩放到原来宽高的一半，记录此时缩放后的精灵图大小。

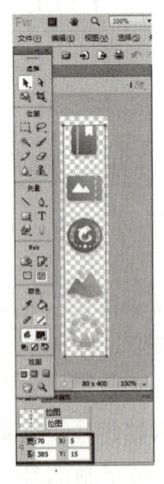

（a）原始大小

（b）缩小 2 倍后

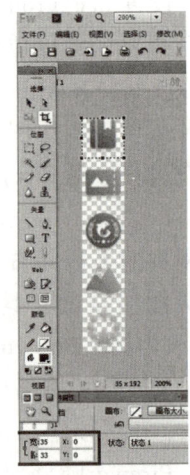

（c）测量尺寸

图 7.3.5　记录精灵图大小

（2）此时页面应显示的是缩放后的图片，将缩放后的 xy 坐标作为背景定位坐标。

（3）background-size 的宽度是缩放后的宽度。

二倍图使用案例代码如图 7.3.6 所示。

```html
<head>
    <meta charset="UTF-8">
    <meta name="viewport" content="width=device-width, initial-scale=1.0">
    <title>精灵图</title>
<style>
    span {
        display: inline-block;
        width: 35px;
        height: 35px;
        background: url(jl.png)no-repeat;
        position: 0 0;
        background-size: 35px auto;
    }
</style>
</head>
<body>
    <span></span>
</body>
</html>
```

图 7.3.6　二倍图使用案例代码

这样，就完成了精灵图二倍缩放，如果是三倍，将原图尺寸除以三就可以了。

🛰 **任务实践**

（1）在 VSCode 中，创建站点文件夹，准备好素材资源文件夹，新建 703.html。

（2）运用底部标签 footer，里面分别创建上、中、下三个部分，参考图 7.3.1。

（3）顶部部分每个模块，宽度为 20%，运用精灵图和元素模式转换实现其效果。

（4）中间部分运用盒子模型、元素转换、结构选择器等实现。

（5）底部部分内容居中，文字字体设置为 12px。

助农网底部部分案例代码如表 7.3.1 所示。

表 7.3.1　助农网底部部分案例代码

序号	部分 HTML 代码
01	\<footer>
02	\<div class="top">
03	\<ul>
04	\<li> \<h3>多\</h3>品类齐全，轻松购物　\</li>
05	\<li> \<h3>快\</h3>多仓直发，极速配送　\</li>
06	\<li> \<h3>好\</h3>正品行货，精致服务　\</li>
07	\<li> \<h3>省\</h3>天天低价，畅选无忧　\</li>
08	\</ul>
09	\</div>
10	\<div class="m">
11	\<dl>
12	\<dt>\<b>新手指南\</b>\</dt>

续表

13	`<dd>注册账户</dd>`
14	`<dd>平台功能</dd>`
15	`<dd>在线交易</dd>`
16	`<dd>买家保障</dd>`
17	`</dl>`
18	`<dl>`
19	`<dt><b>购物指南</b></dt>`
20	`<dd>购物流程</dd>`
21	`<dd>会员介绍</dd>`
22	`<dd>常见问题</dd>`
23	`<dd>联系客服</dd>`
24	`</dl>`
25	`...`
26	`<dl>`
27	`<dt><b>覆盖区县</b></dt>`
28	`<dd>已向全国 2661 个区县提供自营配送服务，支持货到付款、POS 机`
29	刷卡和售后上门服务。`</dd>`
30	`<dd><a href="#">查看详情 ></a></dd>`
31	`</dl>`
32	`</div>`
33	`<div class="bottom">`
34	`<p>`关于我们 ｜ 联系我们 ｜ 联系客服 ｜ 合作招商 ｜ 商家帮助 ｜ 营销中心
35	｜ 友情链接 ｜ 销售联盟 ｜ 风险监测 ｜ 质量公告 ｜ 隐私政策 `</p>`
36	`<p>`Copyright © 2024 - 2027 ***** 版权所有 ｜ 消费者维权热线：
37	******`</p>`
38	`</div>`
39	`</footer>`

序号	CSS 代码	序号	CSS 代码
01	`* {`	42	`footer .top li:nth-of-type(2) h3 {`
02	`    margin: 0;`	43	`    background-position: -38.5px 0;`
03	`    padding: 0;`	44	`}`
04	`    box-sizing: border-box;`	45	`footer .top li:nth-of-type(3) h3 {`
05	`}`	46	`    background-position: -77px 0;`
06	`a {`	47	`}`
07	`    text-decoration: none;`	48	`footer .top li:nth-of-type(4) h3 {`

续表

序号	CSS 代码	序号	CSS 代码
08	color: #333;	49	background-position: 0 -44.5px;
09	}	50	}
10	ul {	51	footer dl {
11	list-style: none;	52	display: inline-block;
12	}	53	vertical-align: top;
13	footer {	54	width: 15%;
14	margin-top: 10px;	55	}
15	padding: 20px 50px;	56	footer dt {
16	background-color: #eee;	57	margin-bottom: 10px;
17	text-align: center;	58	}
18	}	59	footer dd {
19	footer .top,	60	font-size: 14px;
20	footer .m {	61	margin: 3px 0;
21	padding-bottom: 10px;	62	}
22	border-bottom: 1px solid #ccc;	63	footer dl:last-child {
23	margin-bottom: 10px;	64	width: 20%;
24	}	65	background: url(./images/map.png) no-
25	footer .top li {	66	repeat center;
26	display: inline-block;	67	background-size: contain;
27	width: 23%;	68	}
28	line-height: 52px;	69	footer dl:last-child dd {
29	font-weight: 700;	70	text-indent: 2em;
30	}	71	text-align: left;
31	footer .top li h3 {	72	}
32	font-size: 0;	73	footer dl:last-child dd:last-child {
33	display: inline-block;	74	text-align: right;
34	width: 38px;	75	padding-right: 5px;
35	height: 42px;	76	}
36	background:	77	footer .bottom p {
37	url(./images/7f8686ee76e42123.png)no-	78	font-size: 12px;
38	repeat;	79	color: #666;
39	background-size: 113px auto;	80	padding: 5px 0;
40	margin-right: 10px;	81	}
41	}	82	

探索训练

任务 1　制作水滴效果

要求：运用圆角边框、盒子阴影，绘制水滴效果，拓展圆角边框和盒子阴影属性的熟练度，效果如图 7.1 所示，代码如表 7.1 所示。

图 7.1　盒子阴影绘制水滴效果图

表 7.1　制作水滴代码

序号	HTML 部分代码
01	<div class="shui">
02	</div>

序号	CSS 代码
01	* {
02	margin: 0;
03	padding: 0;
04	}
05	body {
06	background-color: rgba(40, 134, 241, 0.925);
07	}
08	.shui {
09	width: 400px;
10	height: 400px;
11	margin: 100px;
12	box-sizing: border-box;
13	border-radius: 30% 70% 70% 30% / 30% 35% 65% 70%;
14	box-shadow:10px 10px 20px rgba(0, 0, 0, 0.3),
15	15px 15px 30px rgba(0, 0, 0, 0.05),
16	inset 10px 20px 30px rgba(0, 0, 0, 0.5),
17	inset -10px -10px 15px rgba(255, 255, 254, 0.83);
18	}

任务 2　制作网页中的优惠券

要求：运用元素转换、盒子模型和背景属性、背景渐变制作优惠券，熟练掌握背景渐变属性，效果如图 7.2 所示，代码如考表 7.2 所示。

图 7.2　优惠券效果图

表 7.2　制作优惠券参考代码

序号	HTML 部分代码
01	<div class="coupon">
02	<div class="card">
03	<p class="title">优惠券</p>
04	<div class="content">
05	<div class="left"><span>¥</span><b>20</b></div>
06	<div class="right">
07	<p>满 99 可用</p>
08	<a href="#">立即领券</a>
09	</div>
10	</div>
11	</div>
12	<!-- 重复 02 - 11 行 -->
13	</div>

序号	CSS 代码	序号	CSS 代码
01	* {	30	height: 80px;
02	padding: 0;	31	padding: 10px;
03	margin: 0;	32	}
04	box-sizing: border-box;	33	.coupon .content {
05	}	34	width: 180px;

续表

序号	CSS 代码	序号	CSS 代码
06	.coupon {	35	height: 80px;
07	width: 260px;	36	padding: 10px 20px;
08	height: 250px;	37	}
09	padding: 1px 10px;	38	.coupon .left,
10	background-color: #fcf2c8;	39	.coupon .right {
11	border-radius: 10px;	40	display: inline-block;
12	}	41	vertical-align: middle;
13	.coupon .card {	42	}
14	height: 80px;	43	.coupon .left b {
15	background: radial-gradient (circle,	44	font-size: 46px;
16	transparent 5px, #E94560 6px);	45	}
17	background-size: 240px 20px;	46	.coupon .right {
18	background-position: 120px 0px;	47	text-align: center;
19	margin: 2px 0;	48	}
20	}	49	.coupon .right p {
21	.coupon .title,	50	font-size: 14px;
22	.coupon .content {	51	}
23	display: inline-block;	52	.coupon .right a {
24	vertical-align: top;	53	text-decoration: none;
25	color: #fff;	54	color: #c60d12;
26	}	55	background-color: #fff;
27	.coupon .card .title {	56	font-size: 12px;
28	width: 40px;	57	padding: 2px 5px;
29	border-right: 2px dashed #fff;	58	}

模块小结

本模块介绍了盒子模型的概念和相关属性,以及背景属性和 CSS 渐变属性。通过实践,读者已经熟悉盒子模型的结构,并能够熟练运用盒子模型和相关属性控制网页中的元素,以完成网页中模块的制作。

习题与实训

一、选择题

1. 下列选项中,设置外阴影且阴影在盒子右侧的选项是(　　　)。

　　A. box-shadow: 7px -4px 10px #000 inset;

　　B. box-shadow: -7px 4px 10px #000;

    C. box-shadow: 7px 4px 10px #000 inset;

    D. box-shadow: 7px -4px 10px #000；

2. border-radius:10px 0；是哪些角变圆角（　　　）。

    A. 全变圆角   B. 都不变

    C. 除了左下都变   D. 左上和右下变圆角

3. 关于边距的设置说法正确的是（　　　）。

    A. margin:0 是设置内边距上下左右都为 0；

    B. margin:20px 50px；是设置外边距左右为 20px，上下为 50px；

    C. margin:10px 20px 30px；是设置内边距上为 10px，下为 20px；左为 30px；

    D. margin:10px 20px 30px 40px；是设置外边距上为 10px，右为 20px，下为 30px，
       左为 40px

4. 下列选项中，属于盒子模型的组成部分的是（　　　）。（多选）

    A. margin   B. border

    C. padding   D. countent

5. box-sizing 的值有哪些（　　　）。（多选）

    A. none   B. border-box

    C. content-box   D. padding-box

6. 以下可以解决外边距塌陷问题的是（　　　）。（多选）

    A. 给父元素添加 overflow：hidden；   B. 给父元素定义一个上边框

    C. 给父元素定义上内边距   D. 给子元素添加上外边距

7. 让盒子的背景图片不重复显示，应该用什么属性（　　　）。

    A. background-repeat:no-repeat   B. background-color:no-repeat

    C. background-repeat:repeat   D. background:repeat

8. 下面关于 css 中设置背景的属性 background 叙述正确的是（　　　）。（多选）

    A. 背景位置的设置可以用英语关键字，不可以用数字加单位。

    B. background-repeat 为设置背景平铺与否。

    C. background-color 设置背景图。

    D. 背景位置如果用数字加单位表示，需用 2 个数值，则第一个值表示水平位置，
       第二个值表示垂直位置。

9. 背景图片的属性设置不包括（　　　）。（多选）

    A. background-position   B. background-image

    C. background-color   D. background-weight

    E. background-active   F. background-size

10. 当网页既设置了背景图像又设置了背景颜色，那么（　　　）。

    A. 以背景图像为主   B. 以背景颜色为主

    C. 产生一种混合效果   D. 冲突，不能同时设置

11. 以下几个写法，哪个是描述一个从上到下，从白到蓝的渐变效果（　　　）。

    A. linear-gradient (to bottom, white, blue);

    B. linear-gradient (to top, white, blue);

C. linear-gradient (from bottom, white, blue)；

D. linear-gradient (from top, white, blue)；

12. 多背景的设置，越靠（　　　）的层级越高，属性值用（　　　）隔开。

　　A. 前，逗号　　　　　　　　　　B. 后，逗号

　　C. 前，空格　　　　　　　　　　D. 后，空格

二、判断题

1. 元素中四个边框的颜色、线性不能单独设置。（　　　）

2. 盒子宽度是左边框+左内边距+内容宽度+右内边距+右外边距组成。（　　　）

3. 内边距是盒子与盒子之间的距离，外边距是边框与内容之间的距离。（　　　）

4. 精灵图又称雪碧图，是为了减小服务器压力，制作的一种图像合并技术。（　　　）

5. 精灵图需要辅助工具测试坐标。（　　　）

6. 精灵图的坐标通过背景定位 background-position 进行设置，参数单位是像素，不能为负值。（　　　）

7. 精灵图大小不能改变，只能按照原始尺寸测量加以运用。（　　　）

8. 移动端中精灵图一般采用 2 倍图和 3 倍图的形式。（　　　）

三、实训题

1. 运用盒模型属性、背景属性及元素显示模式，制作农产品展示列表，效果如 7.3 所示。

图 7.3　农产品展示列表

2. 运用盒子模型，美化新闻页面，效果如图 7.4 所示。

图 7.4　新闻页面

模块八

网页中常见布局的应用

本模块实现助农网首页。

教学导航

教学目标	（1）掌握元素的浮动属性，能够为元素添加和清除浮动；
	（2）掌握元素定位属性，设置不同定位模式；
	（3）熟悉网页常见的多列布局、弹性盒布局和网格布局；
	（4）能够运用 HTML+CSS 搭建布局结构
教学方法	任务驱动法、理实一体化、合作探究法
建议课时	14~16 课时

渐进训练

任务 1　助农网导航部分

任务展示

助农网网站导航效果如图 8.1.1 所示。

欢迎来到助农网 | 您好，请　　　或　　　　　　　　　　　　　　个人中心　卖家中心　联系我们

图 8.1.1　助农网网站导航

任务准备

8.1.1　网页常见布局方式

网页布局的本质——用 CSS 来摆放盒子（搭积木），把盒子摆放到相应位置。

CSS 提供了三种传统布局方式，如图 8.1.2 所示。

所谓的标准流（普通流/文档流）就是标签按照规定的默认方式排列。

　　块级元素会独占一行，从上向下顺序排列。常用元素：div、hr、p、h1 ～ h6、ul、ol、dl、form、table 等。

　　行内元素会按照顺序从左到右排列，碰到父元素边缘则自动换行。常用元素：span、A.i、em 等。

　　以上都是标准流布局，前面大家学习的就是标准流，标准流是最基本的布局方式。

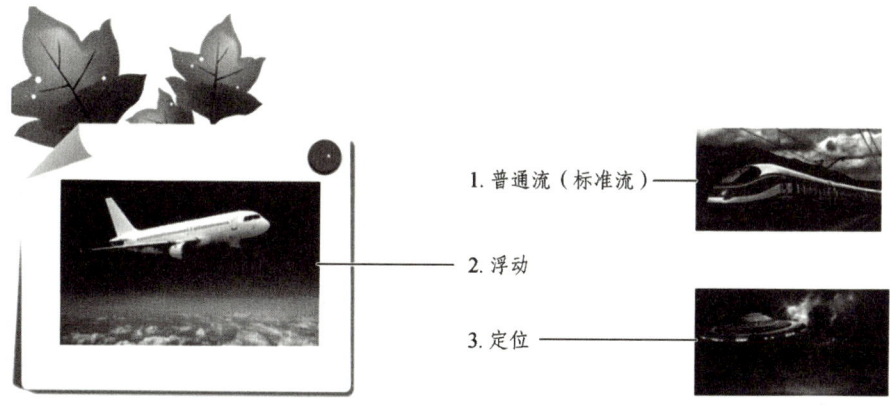

图 8.1.2　网页常见布局方式

8.1.2　为什么要浮动

提问：

（1）如何让多个块级盒子（div）水平排列成一行？

为什么要浮动

虽然转换为行内块元素可以实现一行显示，但它们之间会有大的空白缝隙，很难控制。

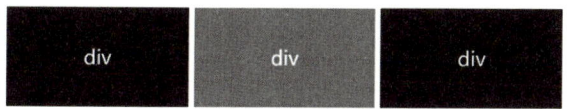

（2）如何实现两个盒子的左右对齐？

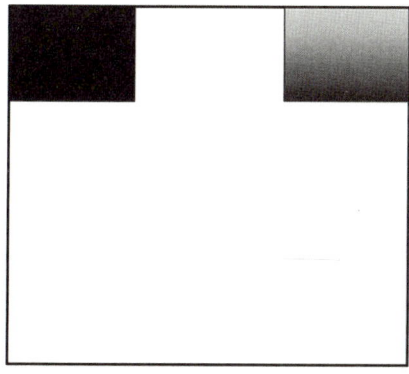

此时就可以利用浮动完成布局。因为浮动可以改变元素标签默认的排列方式。

浮动最典型的应用：可以让多个块级元素一行内排列显示。

网页布局第一准则：多个块级元素纵向排列用标准流方式，多个块级元素横向排列用浮动方式。

8.1.3　浮动的语法

选择器 { float：属性值；}

其属性值如表 8.1.1 所示。

表 8.1.1　浮动属性

值	描　　述
left	元素向左浮动
right	元素向右浮动
none	默认值。元素不浮动，并会显示在其在文本中出现的位置
inherit	规定应该从父元素继承 float 属性的值

8.1.4　浮动特性

浮动特性：浮动的元素会脱离标准流排列；浮动的元素会一行内显示并且元素顶部对齐；浮动的元素会具有行内块元素的特性。

浮动的特点

（1）浮动元素会脱离标准流排列。

设置了浮动（float）的元素最重要特性：脱离标准普通流的控制（浮）移动到指定位置（动），俗称脱标。浮动的盒子不再保留原先的位置，如图 8.1.3 所示。

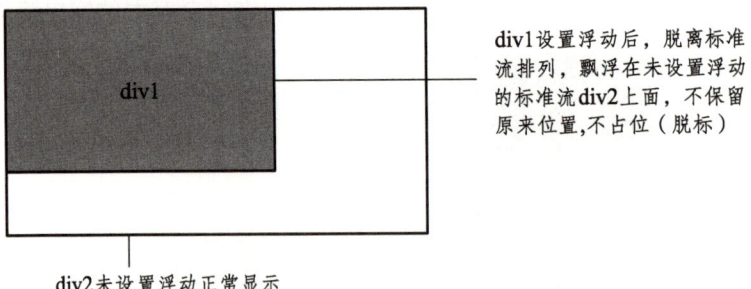

div1设置浮动后，脱离标准流排列，飘浮在未设置浮动的标准流div2上面，不保留原来位置，不占位（脱标）

div2未设置浮动正常显示

图 8.1.3　浮动的特性

（2）浮动的元素会一行内显示并且元素顶部对齐。

如果多个盒子都设置了浮动，则它们会按照属性值一行内显示并且顶端对齐排列。浮动的元素是互相贴靠在一起的（不会有缝隙），如果父级宽度装不下这些浮动的盒子，多出的盒子会另起一行对齐。

（3）浮动元素会具有行内块元素特性。

任何元素都可以浮动，不管原先是什么模式的元素，添加浮动之后会具有行内块元素相似的特性。

如果块级盒子没有设置宽度，默认宽度和父级一样宽，但是添加浮动后，其大小根据内容来决定。

浮动的盒子中间是没有缝隙的，是紧挨着一起的。

行内元素也是一样，添加浮动之后具有行内块元素相似的特性。

浮动元素和标准流父元素搭配使用

8.1.5　网页中的常见布局

网页中的常见布局方式如图 8.1.4 所示。

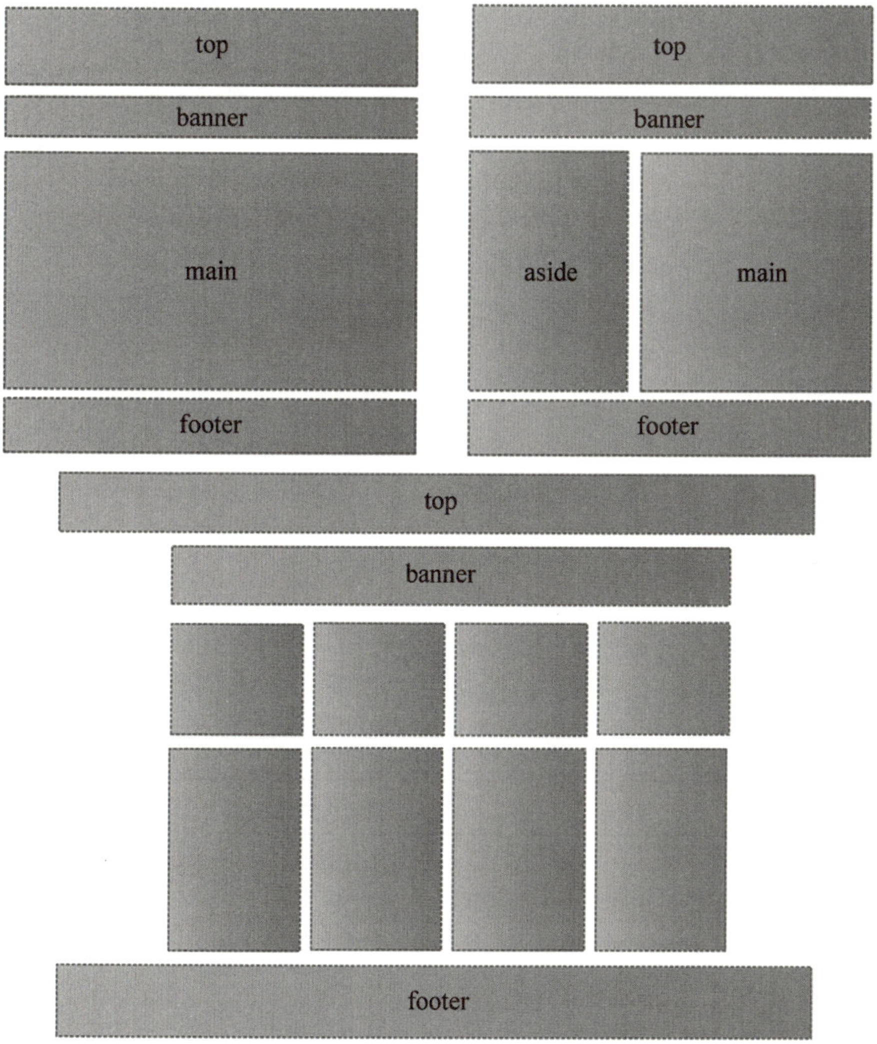

图 8.1.4　网页中的常见布局方式

思考：浮动的盒子怎么才能在页面中间显示呢？

（1）浮动元素经常与标准流父级搭配使用。

为了约束浮动元素位置，网页布局一般采取的策略是：先用标准流的父元素排列上下位置，再对内部子元素采取浮动排列左右位置，如图 8.1.5 所示。

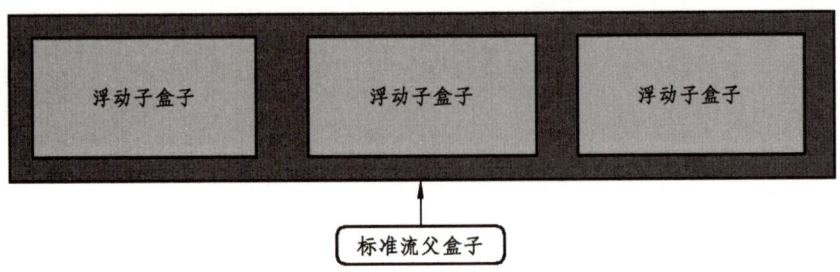

图 8.1.5　约束浮动元素位置

（2）浮动布局注意事项。

① 浮动和标准流的父盒子搭配。先用标准流的父元素排列上下位置，之后对内部子元素采取浮动排列左右位置。（浮动的子元素以父元素位置对齐）

浮动注意事项

② 一个元素浮动了，理论上其余的兄弟元素也要浮动。一个盒子里面有多个子盒子，如果其中一个盒子浮动了，那么其他兄弟也应该浮动，以防止引起问题。浮动的盒子只会影响浮动盒子后面的标准流，不会影响前面的标准流。

任务实践

（1）在 VSCode 中，创建站点文件夹，准备好素材资源文件夹，新建 801.html。

（2）参考图 8.1.1，导航背景颜色为绿色，高度为 40px，设置内边距上下 10px，左右 20px。

（3）把导航分为左右两部分，分别设置左浮动和右浮动。

（4）左边"登录"和"注册"缩小字体，改变颜色，创建链接，去除下划线。

（5）右边部分内部元素建议设置为左浮动。

助农网导航案例参考代码如表 8.1.2 所示。

表 8.1.2　助农网导航案例代码

序号	部分 HTML 代码
01	`<nav>`
02	`<div class="left">`欢迎来到助农网 ｜ 您好，请
03	`<a href="#">`登录`</a>` 或 `<a href="#">`注册`</a>`
04	`</div>`
05	`<ul class="right ">`
06	`<li><a href="#">`个人中心`</a></li>`
07	`<li><a href="#">`卖家中心`</a></li>`
08	`<li><a href="#">`联系我们`</a></li>`
09	`</ul>`
10	`</nav>`

序号	CSS 代码	序号	CSS 代码
01	* {	21	height: 40px;
02	margin: 0;	22	padding: 10px 20px;
03	padding: 0;	23	background-color: #229a6c;
04	box-sizing: border-box;	24	color: #fff;
05	}	25	}
06	a {	26	nav .left,
07	text-decoration: none;	27	.right li {
08	color: #333;	28	float: left;
09	}	29	}
10	li {	30	nav .left a {
11	list-style: none;	31	color: skyblue;
12	}	32	font-size: 14px;
13	.clearfix::after {	33	}
14	content: "";	34	nav .right {
15	display: block;	35	float: right;
16	height: 0;	36	}
17	visibility: hidden;	37	nav .right a {
18	clear: both;	38	color: #fff;
19	}	39	padding: 0 10px;
20	nav {	40	}

任务 2　布局商品展示页结构

🚀 **任务展示**

助农网商品列表页效果如图 8.2.1 所示。

图 8.2.1　助农网商品列表页

⊙ 任务准备

8.2.1 清除浮动

思考：

前面浮动元素有一个标准流的父元素，它们有一个共同的特点，都是有高度的。但是，所有的父盒子都必须有高度吗？理想中的状态，让子盒子撑开父盒子的高度，孩子有多高，父盒子就有多高。

如果不给父盒子高度会有问题吗？实际运用中，大多数情况都无法给父盒子一个固定的高度，其案例如图 8.2.2 所示。

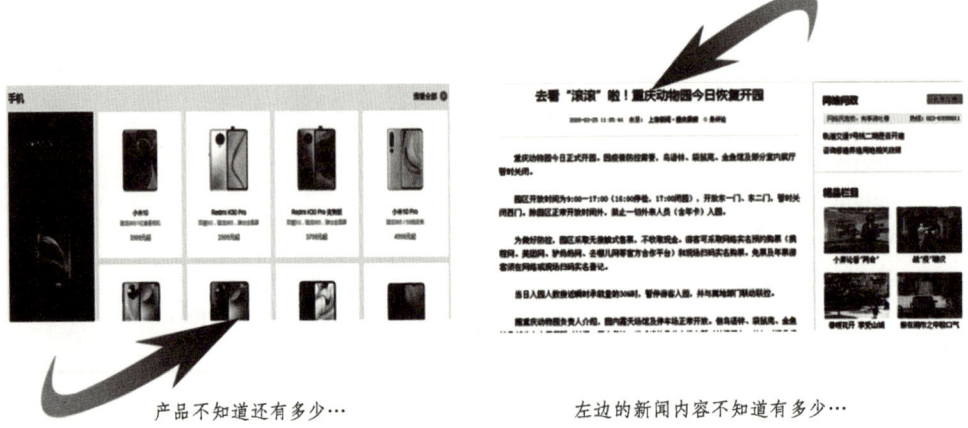

产品不知道还有多少⋯   左边的新闻内容不知道有多少⋯

图 8.2.2 实际运用实例

（1）为什么要清除浮动。

如上分析，由于父级盒子很多情况下不方便给高度，但是子盒子浮动又不占有位置，最后父级盒子高度为 0 时，就会影响下面的标准流盒子，如图 8.2.3 所示。

由于浮动元素不再占用原文档流的位置，所以它会对后面的元素排版产生影响

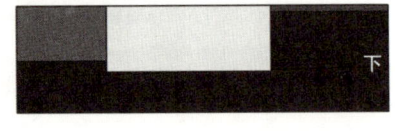

为什么要清除浮动

（a）浮动前   （b）浮动后

图 8.2.3 浮动前和浮动后效果

（2）清除浮动的本质。

① 清除浮动的本质是清除浮动元素造成的影响。

② 如果父盒子本身有高度，则不需要清除浮动。

③ 清除浮动之后，父级就会根据浮动的子盒子自动检测高度。

④ 父级有了高度，就不会影响下面的标准流了。

（3）清除浮动的方法。

语法：选择器{ clear：属性值； }

其属性值如表 8.2.1 所示。

表 8.2.1　清除浮动属性值

值	描　述
left	在左侧不允许浮动元素
right	在右侧不允许浮动元素
both	在两侧均不允许浮动元素
none	默认值，允许浮动元素出现在两侧

方法：

① 额外标签法也称为隔墙法，是 W3C 推荐的做法。

在子元素末尾添加一个空的标签。

,

清除浮动隔墙法

优点：通俗易懂，书写方便。

缺点：添加许多无意义的标签，结构化较差。

注意：要求这个新的空标签必须是块级元素。

② 父级添加 overflow 属性，将其属性值设置为 hidden、auto 或 scroll。

overflow：hidden；

优点：代码简洁。

缺点：无法显示溢出的部分。

清除浮动：after 伪元素法。

③ 父元素添加::after 方式是额外标签法的升级版。

.clearfix::after {

 content：""；

 display：block；

 height：0；

clear：both；

 visibility：hidden；

}

.clearfix { /* IE6、7 专有 */

 *zoom：1；

}

优点：没有增加标签，结构更简单。

缺点：照顾低版本浏览器。

代表网站：百度、淘宝网、网易等。

④ 父级添加双伪元素清除浮动。

.clearfix：before，.clearfix：after {

 content：""；

```
    display： table；
}
.clearfix： after {
    clear： both；    }
.clearfix {
    *zoom： 1；
}
```

清除浮动的方法

优点：代码更简洁。

缺点：照顾低版本浏览器。

代表网站：小米、腾讯等。

（4）浮动小结。

为什么需要清除浮动？

父级没设置高度，子盒子浮动了，影响下面盒子布局了，所以就应该清除浮动了。清除浮动方法如表 8.2.2 所示。

表 8.2.2   清除浮动四种方法

清除浮动的方式	优　点	缺　点
额外标签法（隔墙法）	通俗易懂，书写方便	添加许多无意义的标签，结构化差
父级 overflow: hidden;	书写简单	溢出隐藏
父级 after 伪元素	结构语义化正确	IE6-7 不支持 after，兼容问题
父级双伪元素	结构语义化正确	IE6-7 不支持 after，兼容问题

🔵 **任务实践**

（1）在 VSCode 中，创建站点文件夹，准备好素材资源文件夹，新建 802.html。

（2）先搭建结构，如图 8.2.4 所示。

（3）然后运用浮动和清除浮动，参考如表 8.2.3 所示代码，实现如图 8.2.1 所示的效果。

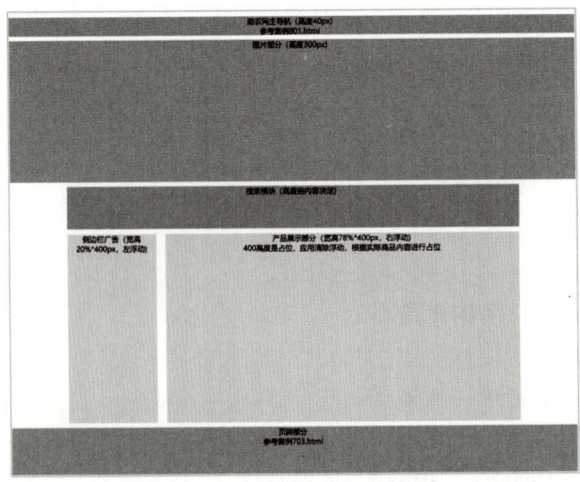

图 8.2.4   商品展示页结构参考

表 8.2.3　商品展示页结构部分代码

序号	部分 HTML 代码
01	<!-- 导航开始 -->
02	<header>
03	<nav class="w">
04	（同表 8.1.2）
05	</nav>
06	</header>
07	<!-- 导航结束 -->
08	<!-- 轮播图开始 -->
09	<section>
10	<img src="./imgs/3-4.jpg" alt="">
11	</section>
12	<!-- 轮播图结束 -->
13	<details open class="search w">
14	<summary><b>筛选</b></summary>
15	<p>
16	<span>种类：</span>
17	<a href="#" class="active">全部</a>
18	...
19	</p>
20	</details>
21	<main class="w clearfix">
22	<ol class="breadcrumb clearfix">
23	<li><a href="#">首页</a></li>
24	<li class="active"> 农产品 </li>
25	</ol>
26	<aside>
27	<img src="./imgs/b1.png" alt="">
28	<img src="./imgs/b4.png" alt="">
29	</aside>
30	<ul class="product clearfix">
31	<li>
32	<a href="#">
33	<img src="./imgs/2-1.jpeg" alt="">
34	<p>云阳香菇</p>
35	<button>查看详情</button>
36	</a>
37	</li>
38	...<!--每件商品重复 31-37 行代码-->

续表

39	`<li>`
40	`<a href="#">`
41	`<img src="./imgs/2-12.jpg" alt="">`
42	`<p>`巫山脆李`</p>`
43	`<button>`查看详情`</button>`
44	`</a>`
45	`</li>`
46	`</ul>`
47	`</main>`
48	`<footer>`
49	（同 表 7.3.1）
50	`</footer>`

序号	CSS 代码	序号	CSS 代码
01	/* 页面初始化 */	72	margin-right: 5px;
02	* {	73	font-size: 14px;
03	margin: 0;	74	color: #666;
04	padding: 0;	75	border: 2px solid #bbb;
05	box-sizing: border-box;	76	border-radius: 5px;
06	}	77	}
07	a {	78	.search a.active {
08	text-decoration: none;	79	font-weight: 700;
09	color: #333;	80	color: #229a6c;
10	}	81	border: 2px solid #229a6c;
11	li {	82	background-color: #c5ebc7;
12	list-style: none;	83	}
13	}	84	/* 面包屑导航开始 */
14	.w {	85	.breadcrumb {
15	width: 80%;	86	border-left: 5px solid #229a6c;
16	margin: 10px auto;	87	padding-left: 20px;
17	}	88	margin-bottom: 10px;
18	.clearfix::after {	89	}
19	content: "";	90	.breadcrumb li a::after {
20	display: block;	91	content: "/";
21	height: 0;	92	padding: 5px;
22	visibility: hidden;	93	}
23	clear: both;	94	.breadcrumb li {
24	}	95	font-size: 14px;
25	/* 导航开始 */	96	float: left;
26	header {	97	}
27	background-color: #229a6c;	98	/* 主体部分左边 */
28	}	99	aside {

续表

序号	CSS 代码	序号	CSS 代码
29	nav {	100	float: left;
30	height: 40px;	101	width: 20%;
31	padding: 10px 20px;	102	}
32	color: #fff;	103	aside img {
33	}	104	width: 100%;
34	nav .left,	105	}
35	.right li {	106	/* 主体部分右边 */
36	float: left;	107	.product {
37	}	108	float: right;
38	nav .left a {	109	width: 78%;
39	color: skyblue;	110	}
40	font-size: 14px;	111	.product li {
41	}	112	float: left;
42	nav .right {	113	width: 25%;
43	float: right;	114	padding: 5px;
44	}	115	}
45	nav .right a {	116	.product li a {
46	color: #fff;	117	transition: all 0.6s;
47	padding: 0 10px;	118	display: block;
48	}	119	padding: 20px;
49	header li a:hover {	120	border: 1px solid #ccc;
50	font-weight: 700;	121	}
51	}	122	.product li a:hover {
52	/* 轮播图开始 */	123	box-shadow: 0px 3px 3px rgb(0, 0, 0,
53	section {	124	0.6);
54	margin: 10px auto;	125	}
55	}	126	.product a img {
56	section img {	127	width: 100%;
57	width: 100%;	128	}
58	}	129	.product li p {
59	/* 搜索部分开始 */	130	text-align: center;
60	.search {	131	font-size: 20px;
61	padding: 10px 20px 5px;	132	line-height: 40px;
62	box-shadow: 0 2px 5px rgba(0, 0, 0, .3),	133	}
63	0 -2px 5px rgba(0, 0, 0, .4);	134	.product li button {
64	}	135	width: 100%;
65	.search p {	136	height: 40px;
66	margin-top: 10px;	137	color: #fff;
67	margin-bottom: 10px;	138	background-color: #229a6c;
68	}	139	border: 0;
69	.search a {	140	}
70	display: inline-block;	141	/* 页脚部分 */
71	padding: 5px 15px;	142	同表 7.3.1

任务 3 首页商品展示部分

🚀 任务展示

助农网首页商品列表效果如图 8.3.1 所示。

图 8.3.1 助农网首页商品列表部分

🚀 任务准备

8.3.1 column 多列布局

当需要在页面中展示大量文本时，如果每段的文本都很长，用户阅读起来就会非常麻烦，有可能读错行或读串行。为了提高阅读的舒适性，CSS3 中引入了多列布局模块，用于以简单有效的方式创建多列布局。所谓多列布局指的就是用户可以将文本内容分成多块，然后让这些块并列显示，类似于报纸、杂志那样的排版形式，也可以理解为 word 排版中的分栏，如图 8.3.2 所示。

"当我年轻的时候，我梦想改变这个世界；当我成熟以后，我发现我不能够改变这个世界，我将目光缩短了些，决定只改变我的国家；当我进入暮年以后，我发现我不能够改变我们的国家，我的最后愿望仅仅是改变一下我的家庭，但是，这也不可能。当我现在躺在床上，行将就木时，我突然意识到：如果一开始我仅仅去改变我自己，然后，我可能改变我的家庭；在家人的帮助和鼓励下，我可能为国家做一些事情；然后，谁知道呢?我甚至可能改变这个世界。"

图 8.3.2 多列布局（3 列）

多列布局的属性及描述如表 8.3.1 所示。

表 8.3.1　多列布局属性及描述

属　　性	描　　述
column-count	指定元素应该分为几列
column-fill	指定如何填充每个列
column-gap	指定列与列之间的间隙
column-rule	所有 column-rule-* 属性的简写形式
column-rule-color	指定列与列之间边框的颜色
column-rule-style	指定列与列之间边框的样式
column-rule-width	指定列与列之间边框的宽度
column-span	指定元素应该横跨多少列
column-width	指定列的宽度
columns	column-width 与 column-count 属性的简写属性

（1）column-count 列数。

column-count 属性用来设置将元素分为几列，属性的可选值如表 8.3.2 所示。

表 8.3.2　column-count 属性值及说明

值	描　　述
number	使用具体数值将元素划分为指定的列数
auto	默认值，由其他属性决定具体的列数，比如 column-width

HTML 代码	CSS 样式

`<div class="newspaper">`
　　`<h3>人生感悟</h3>`
　　`<p>` "当我年轻的时候，我梦想改变这个世界；..." `</p>`
`</div>`
	`div {`
	　　`column-count: 4;`
	`}`

显示效果

人生感悟

"当我年轻的时候，我梦想改变这个世界；当我成熟以后，我发现我不能够改变这个世界，我将目光缩短了些，决定只改变我的国家；当我进入着年以后，我发现我不能够改变我们的国家，我的最后愿望仅仅是改变一下我的家庭，但是，这也不可能。当我现在躺在床上，行将就木时，我突然意识到：如果一开始我仅仅去改变我自己，然后，我可能改变我的家庭；在家人的帮助和鼓励下，我可能为国家做一些事情；然后，谁知道呢?我甚至可能改变这个世界。"

（2）column-gap 列间距。

column-gap 属性用来设置列与列之间的间隙，属性的可选值如表 8.3.3 所示。

表 8.3.3　column-gap 属性值及说明

值	描　述
length	将列与列之间的间隔设置为指定的宽度
normal	将列与列之间的间隔设置为与 font-size 属性相同的大小，即 1em

HTML 代码	CSS 样式

<div class="newspaper">
　　　<h3>人生感悟</h3>
　　　<p>"当我年轻的时候，我梦想改变这个世界；..."</p>
</div>
	div {
	column-count: 4;
	column-gap: 50px;
	　}

显 示 效 果

人生感悟

"当我年轻的时候，我梦想改变这个世界；当我成熟以后，我发现我

不能够改变这个世界，我将目光缩短了些，决定只改变我的国家；当我进入暮年以后，我发现我不能够改变我们的国家，我的最后愿望仅

仅是改变一下我的家庭，但是，这也不可能。当我现在躺在床上，行将就木时，我突然意识到：如果一开始我仅仅去改变我自己，

然后，我可能改变我的家庭；在家人的帮助和鼓励下，我可能为国家做一些事情；然后，谁知道呢?我甚至可能改变这个世界。"

（3）column-rule 列边框。

column-rule 属性是一个简写属性，它与 border 属性非常相似，用来设置列与列之间边框的宽度、样式和颜色。语法格式如下：

column-rule: column-rule-width column-rule-style column-rule-color;

column-rule:　边框的宽度　　　边框的样式　　边框的颜色;

column-rule-style 可以参考 border 边框的线性样式。

HTML 代码	CSS 样式

<div class="newspaper">
　　　<h3>人生感悟</h3>
　　　<p>"当我年轻的时候，我梦想改变这个世界；..."</p>
</div>
	p {
	column-count: 4;
	column-rule: 3px dashed red;
	　}

显 示 效 果

人生感悟

"当我年轻的时候，我梦想改变这个世界；当我成熟以

后，我发现我不能够改变这个世界，我将目光缩短了些，决定只改变我的国家；当我进入暮年以后，我发现我不能够改变我们的国家，我的最后愿望仅仅是改变一

下我的家庭，但是，这也不可能。当我现在躺在床上，行将就木时，我突然意识到：如果一开始我仅仅去改变我自己，然后，我可能改变我的家庭；在家人的帮助

和鼓励下，我可能为国家做一些事情；然后，谁知道呢?我甚至可能改变这个世界。"

（4）column-span 是否跨越列。

column-span 属性用来设置元素应该跨越多少列，属性的可选值如表 8.3.4 所示。

表 8.3.4　column-span 属性值及说明

值	描　述
none	默认值，表示元素不跨越列
all	表示元素横跨所有列
HTML 代码	**CSS 样式**

```<div class="newspaper">```
　　```<h3>人生感悟</h3>```
　　```<p>``` "当我年轻的时候，我梦想改变这个世界；当我成熟以后，我发现我不能够改变这个世界，我将目光缩短了些，决定只改变我的国家；…"
　　```</p>```
```</div>```
	```p {```
	```column-count: 4;```
	```column-rule: 3px dashed red;```
	```}```
	```h3 {```
	```column-span: all;```
	```}```

显示效果	
人生感悟 "当我年轻的时候，我梦想改变这个世界；当我成熟以后，我发现我不能够改变这个世界，我将目光缩短了 ┆ 些，决定只改变我的国家；当我进入暮年以后，我发现我不能够改变我们的国家，我的最后愿望仅仅是改变一下我的家庭，但是，这也不 ┆ 可能。当我现在躺在床上，行将就木时，我突然意识到：如果一开始我仅仅去改变我自己，然后，我可能改变我的家庭；在家人的帮助 ┆ 和鼓励下，我可能为国家做一些事情；然后，谁知道呢?我甚至可能改变这个世界。"	

（5）column-width 列宽度。

column-width 属性用来设置每个列的宽度，属性的可选值如表 8.3.5 所示。

表 8.3.5　column-width 属性值及说明

值	描述
auto	由浏览器决定列的宽度
length	为每个列指定具体的宽度
HTML 代码	**CSS 样式**

```<div class="newspaper">```
　　```<h3>人生感悟</h3>```
　　```<p>``` "当我年轻的时候，我梦想改变这个世界；当我成熟以后，我发现我不能够改变这个世界，我将目光缩短了些，决定只改变我的国家；…"
　　```</p>```
```</div>```
	```p {```
	```column-width: 150px;```
	```}```
	```h3 {```
	```column-span: all;```
	```}```

显示效果
人生感悟 "当我年轻的时候，我梦想改变这个世界；当我成熟以后，我发现我不能够改变 这个世界，我将目光缩短了些，决定只改变我的国家；当我进入暮年以后，我发现我不能够改变我们的 国家，我的最后愿望仅仅是改变一下我的家庭，但是，这也不可能。当我现在躺在床上，行将就木时， 我突然意识到：如果一开始我仅仅去改变我自己，然后，我可能改变我的家庭；在家人的帮助和鼓励 下，我可能为国家做一些事情；然后，谁知道呢?我甚至可能改变这个世界。"

（6）columns 多列复合属性。

columns 属性是一个简写属性，用来同时设置列的宽度和列的数量，语法格式如下：

columns: column-width column-count;

columns：列的宽度 列的数量；

🔹 任务实践

（1）在 VSCode 中，创建站点文件夹，准备好素材资源文件夹，新建 803.html。

（2）设置容器盒子宽度为 80%，水平居中，背景颜色为灰色。

（3）参考图 8.3.1 写一个子元素的样式结构，然后复制多个，对图片和内容信息进行修改。

（4）设置多列布局 4 列、5 列都可以。

参考代码如表 8.3.6 所示。

表 8.3.6　商品展示列表部分代码

序号	部分 HTML 代码
01	`<div class="productList">`
02	`<div class="item">`
03	`<img src="./images/南瓜.jpg" alt="">`
04	`<div class="item-content clearfix">`
05	`<p>`
06	`<span class="product">南瓜</span>`
07	`<span class="price">¥12.00</span>`
08	`</p>`
09	`<div class="add">+</div>`
10	`</div>`
11	`</div>`
12	`<!--重复 02-11 行代码，每一组代表一种商品-->`
13	`</div>`

序号	CSS 代码	序号	CSS 代码
01	* {	29	.productList .item img {
02	margin: 0;	30	width: 100%;
03	padding: 0;	31	display: block;
04	box-sizing: border-box;	32	margin-bottom: 5px;
05	}	33	}
06	.clearfix::after {	34	.productList p {
07	content: "";	35	float: left;
08	display: block;	36	width: 70%;
09	height: 0;	37	padding-left: 20px;
10	visibility: hidden;	38	}
11	clear: both;	39	.productList .price {
12	}	40	color: rgb(222, 16, 16);
13	body {	41	display: block;
14	background-color: #e1e6eb;	42	margin: 3px 0;
15	}	43	}
16	.productList {	44	.productList .add {
17	padding: 10px;	45	float: right;
18	width: 80%;	46	width: 30px;
19	margin: 0 auto;	47	height: 30px;
20	column-count: 4;	48	line-height: 26px;
21	column-gap: 10px;	49	color: #fff;
22	}	50	text-align: center;
23	.productList .item {	51	border-radius: 50%;
24	border-radius: 10px;	52	background-color: #42b49a;
25	background-color: #fff;	53	font-size: 30px;
26	overflow: hidden;	54	margin: 8px 10px;
27	margin-bottom: 10px;	55	}
28	}		

任务 4　首页轮播图部分

🔹**任务展示**

助农网首页轮播图效果如图 8.4.1 所示。

图 8.4.1　助农网首页轮播图部分

📨 **任务准备**

8.4.1　定位的作用

思考：使用标准流或者浮动能实现如图 8.4.2、8.4.3、8.4.4 所示效果吗？

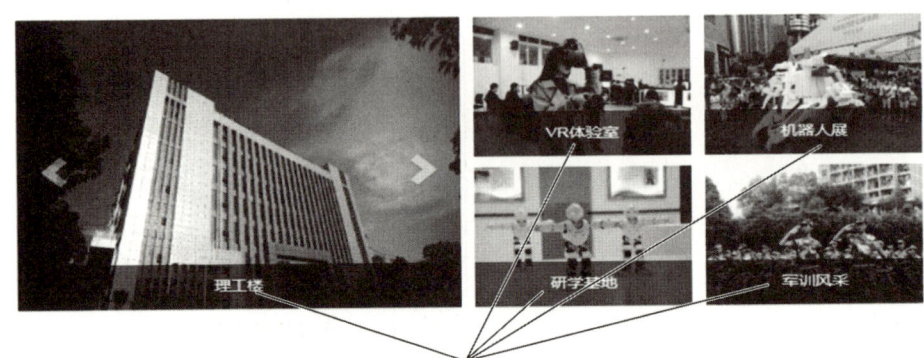

元素可以自由地在一个盒子内移动位置，并且压住其他盒子？

图 8.4.2　效果一

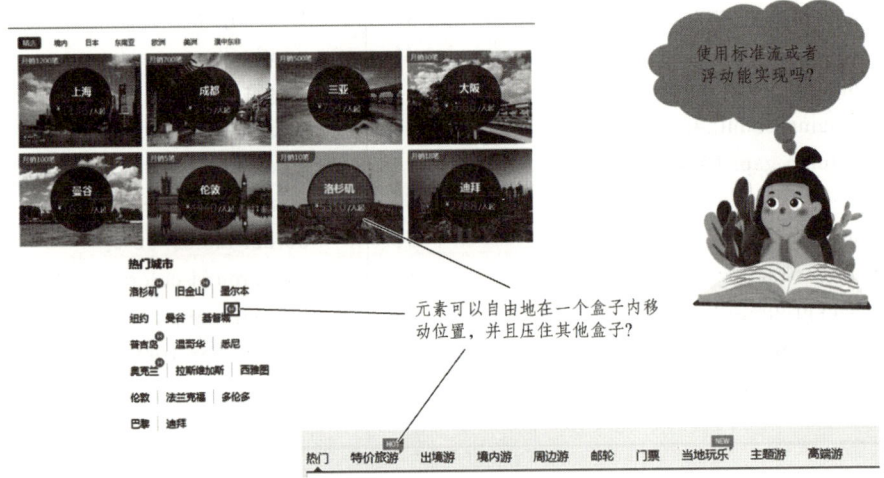

元素可以自由地在一个盒子内移动位置，并且压住其他盒子？

图 8.4.3　效果二

滚动屏幕，位置固定

为什么要定位

图 8.4.4　效果三

以上效果，标准流或浮动都无法快速实现，此时需要定位来实现。浮动可以让多个块级盒子一行没有缝隙排列显示，经常用于横向排列盒子。而定位则是可以让盒子自由地在某个盒子内移动位置或者固定屏幕中某个位置，并且可以压住其他盒子。

8.4.2　定位的组成

定位：将盒子定在某一个位置，按照定位的方式移动盒子。

定位 ＝ 定位模式 ＋ 边偏移

定位模式用于指定一个元素在文档中的定位方式。边偏移则决定了该元素的最终位置。

（1）定位模式。定位模式决定元素的定位方式，它通过 CSS 的 position 属性来设置，其值可以分为 4 个，如表 8.4.1 所示。

表 8.4.1　定位模式

值	描　述
absolute	生成绝对定位的元素，相对于 static 定位以外的第一个父元素进行定位。 元素的位置通过"left"，"right"以及"bottom"属性进行规定
fixed	生成绝对定位的元素，相对于浏览器窗口进行定位。 元素的位置通过"left"，"top""right"以及"bottom"属性进行规定
relative	生成相对定位的元素，相对于其正常位置进行定位。 因此，"left：20"会向元素的 LERT 位置添加 20 像素
sticky	生成粘性定位的元素，依赖于用户的滚动。 元素默认就像相对定位；而当页面滚动超出目标区域时，它的表现就像固定定位，会固定在目标定位的位置上
static	默认值。没有定位，元素出现在正常的流中（忽略 top，bottom，left，right 或者 z-index 声明）
inherit	规定应该从父元素继承 position 属性的值

（2）边偏移。边偏移就是定位的盒子移动到最终位置。有 top、bottom、left 和 right 4 个属性，如表 8.4.2 所示。

表 8.4.2　边偏移属性

边偏移属性	示例	描　述
top	top：10px	顶端偏移量，定义元素相对于父元素上边线的距离
bottom	bottom：20px	底部偏移量，定义元素相对于父元素下边线的距离
left	left：30px	左侧偏移量，定义元素相对于父元素左边线的距离
right	right：40px	右侧偏移量，定义元素相对于父元素右边线的距离

8.4.3　相对定位 relative

相对定位是元素在移动位置的时候，是相对于它自己原来的位置来移动的（自恋型）。

语法：选择器 {position：relative；}

相对定位的特点（重点）：

（1）它是相对于自己原来的位置来移动的（移动位置的时候起点是

相对定位

自己原来的位置）。

（2）移动后原来在标准流的位置继续保留，后面的盒子仍然以标准流的方式对齐。

相对定位并没有脱标，其作用是给绝对定位当父级。如图 8.4.5 所示，上面粉色盒子设置相对定位后，边偏移 top：100px，left：100px，起点是自己原来的位置，以此为参照，移动后，原位置保留，对下面的盒子没有影响。

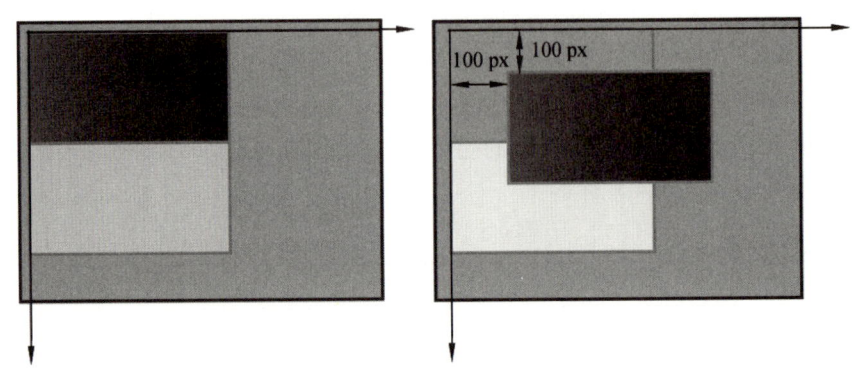

图 8.4.5　相对定位

8.4.4　绝对定位 absolute

绝对定位是元素在移动位置的时候，是相对于它父级或（祖先级）元素来移动的。

绝对定位

语法：选择器 { position：absolute； }

绝对定位的特点：

（1）如果没有祖先元素或者祖先元素没有定位，则以浏览器为准定位（Document 文档）。

（2）如果祖先元素有定位（相对、绝对、固定定位），则以最近一级的有定位祖先元素为参考点移动位置。

（3）绝对定位不再占有原先的位置，所以绝对定位是脱离标准流的。

绝对定位案例分析如图 8.4.6 所示。

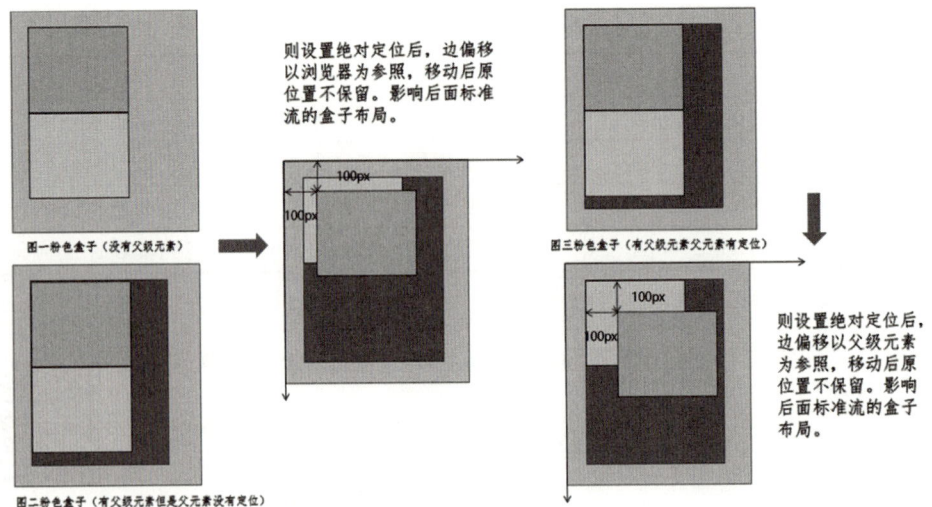

图 8.4.6　绝对定位案例分析

下面介绍子绝父相的由来。

思考：

（1）绝对定位和相对定位到底什么场景使用呢？

（2）为什么说相对定位的作用是给绝对定位当父亲呢？

"子绝父相"，是我们学习定位的口诀，是定位中最常用的一种方式。这句话的意思是：子级如果是绝对定位，那么父级要用相对定位。

子绝父相的由来

分析：

① 子级绝对定位，不会占有位置，可以放到父盒子里面的任何一个地方，不会影响其他的兄弟盒子。

② 父盒子需要加定位以限制子盒子在父盒子内显示。

③ 父盒子布局时，需要占有位置，因此父亲只能是相对定位。

这就是子绝父相的由来，图为父容器需要占有位置，所以是相对定位。若子容器不需要占有位置，则是绝对定位。

轮播图结构如图 8.4.7 所示，样式代码如下：

 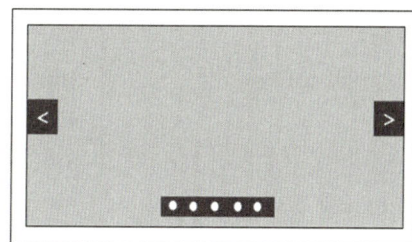 

轮播图结构案
例

图 8.4.7　轮播图结构

HTML 代码

``html
<div class="carousel">
        <div class="pic"></div>
        <a href="#" class="left">   <   </a>
        <a href="#" class="right">   >   </a>
        <ol>
            <li></li>
            <li></li>
            <li></li>
            <li></li>
            <li></li>
        </ol>
</div>
``

序号	CSS 代码	序号	CSS 代码
01	* {	30	text-align: center;
02	margin: 0;	31	line-height: 30px;
03	padding: 0;	32	font-size: 20px;
04	}	33	top: 45%;
05	a {	34	}
06	text-decoration: none;	35	.left {
07	}	36	left: 10px;
08	li {	37	}
09	list-style: none;	38	.right {
10	}	39	right: 10px;
11	.carousel {	40	}
12	position: relative;	41	ol {
13	margin: 50px auto;	42	position: absolute;
14	width: 500px;	43	left: 50%;
15	height: 300px;	44	margin-left: -50px;
16	padding: 10px;	45	bottom: 20px;
17	border: 1px solid #333;	46	background-color: rgb(167, 241, 241);
18	}	47	overflow: hidden;
19	.carousel>div {	48	border-radius: 10px;
20	background-color: bisque;	49	}
21	border: 1px solid #333;	50	li {
22	height: 100%;	51	float: left;
23	}	52	width: 10px;
24	a {	53	height: 10px;
25	position: absolute;	54	background-color: #fff;
26	width: 30px;	55	border-radius: 50%;
27	height: 30px;	56	margin: 6px;
28	background-color: rgba(0, 0, 0, .4);	57	}
29	color: #fff;	58	

案例如图 8.4.8 所示，其参考代码如下：

图 8.4.8　仿土豆视频案例分析

HTML 结构	CSS 代码

<a href="#">
        <img src="imgs/demo.jpg" >
        <div class="mask"></div>
</a>
	a {
	    width: 1116px;
	    height: 630px;
	    display: block;
	position: relative;
	}
	.mask {
	    width: 1116px;
	    height: 630px;
	    background-color: #000;
	    background: rgba(0, 0, 0, 0.4) url(imgs/play.png)
	no-repeat center;
	display: none;
	position: absolute;
	left: 0;
	top: 0;
	}
	a:hover .mask {
	display: block;
	}

8.4.5　固定定位 fixed

固定定位是元素固定于浏览器可视区的位置，在浏览器页面滚动时元素的位置不发生改变。

语法：选择器 {position：fixed；}

固定定位的特点：

（1）以浏览器的可视窗口为参照点移动元素，跟父元素没有任何关系，不随滚动条滚动。

（2）固定定位不再占有原先的位置。

固定定位是脱标的，其实固定定位也可以看作是一种特殊的绝对定位。

导航固定在顶部的案例如图 8.4.9 所示。

固定定位小技巧：固定在版心右（左）侧位置。

算法：

① 让固定定位的盒子 left：50%，走到浏览器可视区（也可以看作版心）的一半位置。

② 让固定定位的盒子 margin-left：版心宽度的一半距离，再向左边（负方向）移动版心宽度的一半位置。

这样就可以让固定定位的盒子贴着版心右（左）侧对齐了，如图 8.4.10 所示。

固定定位

盒子居中问题

图 8.4.9　导航固定在顶部

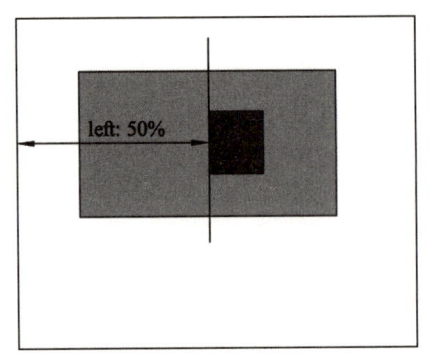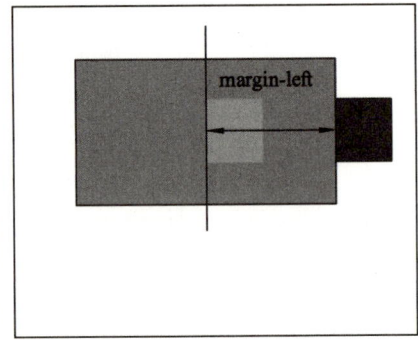

固定版心两侧
算法

图 8.4.10　固定在版心右侧贴边方法

加了绝对定位的盒子 margin：0 auto 水平居中失效，但可以通过以下计算方法实现水平和垂直居中，如图 8.4.11 所示。

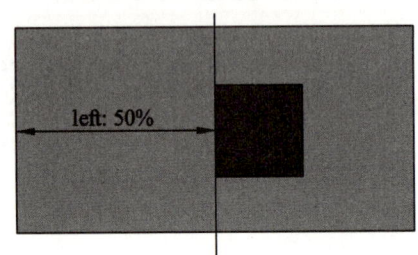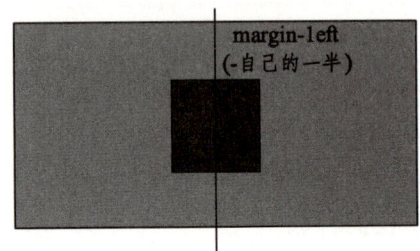

图 8.4.11　定位盒子居中的方法

① left：50%；：让盒子的左侧移动到父级元素的水平中心位置。
② margin-left：-100px；：让盒子向左移动自身宽度的一半。

8.4.6　粘性定位 sticky

粘性定位可以被认为是相对定位和固定定位的混合。

语法：选择器 { position：sticky；top：10px； }

粘性定位的特点：

① 以浏览器的可视窗口为参照点移动元素（固定定位特点）。

② 粘性定位占有原先的位置（相对定位特点）。

③ 必须添加 top、left、right、bottom 其中一个才有效。

粘性定位

④ 跟页面滚动搭配使用。

对于粘性定位案例，观察滚动前效果如图 8.4.12 所示，滚动后导航部分效果如图 8.4.13 所示。

图 8.4.12　未到达目标位置前，导航位置不变，相对定位

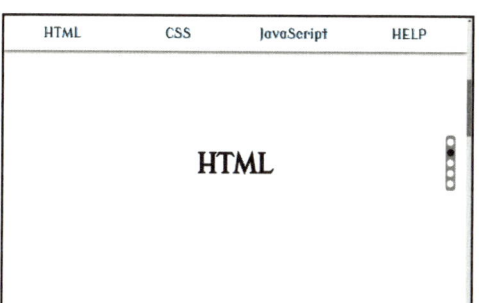
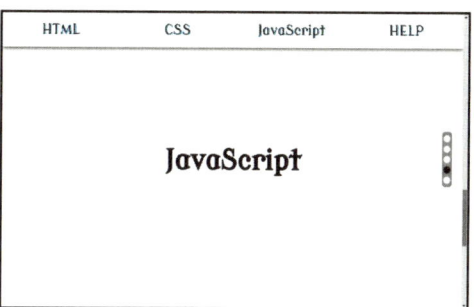

图 8.4.13　滚动到目标位置后，固定定位

以上案例实现代码比较具有代表性，拓展知识也较多，参考代码如下：

序号	部分 HTML 代码
01	`<header id="home">HELLO WEB</header>`
02	`<ul>`
03	`<li><a href="#html">HTML</li>`
04	`<li><a href="#css">CSS</a></li>`
05	`<li><a href="#js">JavaScript</a></li>`
06	`<li><a href="#help">HELP</a></li>`
07	`</ul>`
08	`<section id="html">HTML</section>`
09	`<section id="css">CSS</section>`
10	`<section id="js">JavaScript</section>`
11	`<section id="help">HELP</section>`
12	`<ol>`
13	`<li><a href="#home"></a></li>`
14	`<li><a href="#html"></a></li>`
15	`<li><a href="#css"></a></li>`
16	`<li><a href="#js"></a></li>`
17	`<li><a href="#help"></a></li>`
18	`</ol>`

序号	CSS 代码	序号	CSS 代码
01	:root {	43	box-shadow: 0 0 15px rgba(0, 0,
02	--bgc: #ccc;	44	0, .5);
03	--bg3: #333;	45	background-color: #fff;
04	--bg1: #111;	46	font-size: var(--fs40);
05	--h100: 100px;	47	}
06	--hall: 100vh;	48	ul li {
07	--fs80: 80px;	49	float: left;
08	--fs40: 40px;	50	width: 25%;
09	}	51	height: var(--h100);
10	html {	52	line-height: var(--h100);
11	scroll-behavior: smooth;	53	text-align: center;
12	}	54	}
13	* {	55	ul li:hover a {
14	padding: 0;	56	color: var(--bg1);
15	margin: 0;	57	font-weight: 700;
16	}	58	}
17	body {	59	section {
18	font-family: 'Modern Antiqua',	60	height: var(--hall);
19	cursive;	61	line-height: var(--hall);
20	}	62	text-align: center;
21	li {	63	font-size: var(--fs80);
22	list-style: none;	64	font-weight: 700;
23	}	65	border-bottom: 1px solid #000;
24	a {	66	}
25	text-decoration: none;	67	ol {
26	color: var(--bg3);	68	position: fixed;
27	}	69	right: 30px;
28	header {	70	top: 40%;
29	line-height: calc(100vh - 100px);	71	}
30	height: calc(100vh - 100px);	72	ol li a {
31	text-align: center;	73	display: block;
32	font-size: var(--fs80);	74	width: 20px;
33	font-weight: 700;	75	height: 20px;
34	background-color: var(--bgc);	76	background-color: #fff;
35	text-shadow: 5px 5px 5px rgba(0, 0,	77	border-radius: 50%;
36	0, .5);	78	margin: 10px 5px;
37	}	79	}
38	ul {	80	ol a:hover {
39	position: sticky;	81	background-color: var(--bg3);
40	top: 0;	82	}
41	overflow: hidden;	83	
42			

拓展知识

（1）该案例中用到了：root 伪类来定义变量，用 var( )进行调用。

:root 选择器用于匹配文档的根元素，在 HTML 中根元素始终是 HTML 元素。定义变量匹配的是根元素，用于定义全局变量，书写时不要带选择器。

（2）案例中字体用到了谷歌字体，使用方法首先是进入官网，选择喜欢的字体，点击右上角 "+" 号后，再复制 CSS 文件引入文件中，并且设置 font-family。步骤如图 8.4.14 所示。

（3）scroll-behavior 属性包括：smooth | auto;

auto：默认值，表示滚动框立即滚动到指定位置。

smooth：表示允许滚动时采用平滑过渡，对 html 元素进行设置，常应用于回到顶部按钮和锚点。

（4）calc()函数用于动态计算长度值。任何长度值都可以使用 calc()函数进行计算。

（5）cursor 属性定义了鼠标指针放在一个元素边界范围内时所用的光标形状。默认是 default（箭头），常用属性值有：移动 move、链接（一只手）：pointer、等待（沙漏）：wait、文本：text 和帮助（问号）：help 等。

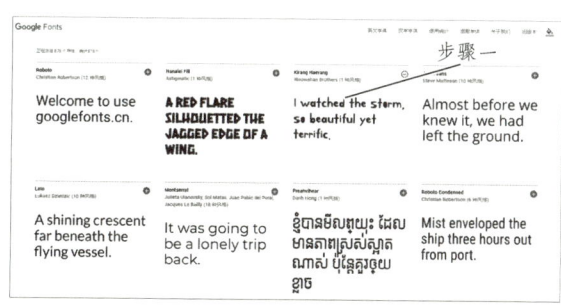
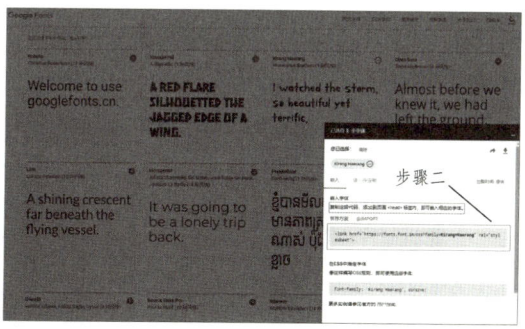
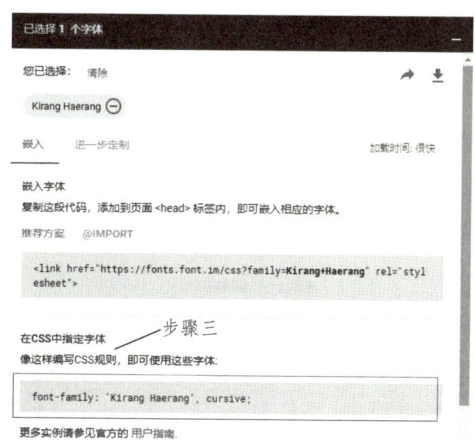

图 8.4.14　谷歌字体的引入

8.4.7　定位小结

各种定位模式如表 8.4.3 所示。

表 8.4.3　定位模式比较

定位模式	是否脱标（占位置）	移动参照点	是否常用
静态定位——static	否	不能使用边偏移	很少
相对定位——relative	否	相对自身位置移动	常用
绝对定位——absolute	是	带有定位的祖先级元素	常用
固定定位——fixed	是	浏览器可视区	常用
粘性定位——sticky	否	浏览器可视区	较少

（1）相对定位、固定定位、绝对定位特点。

① 是否占有位置（是否脱标）。

② 以哪里位置为基准点移动。

③ 记住口诀子绝父相。

（2）定位拓展知识。

① 行内元素添加绝对或者固定定位，可以直接设置高度和宽度。

定位小结　　　　定位的小问题

② 块级元素添加绝对或者固定定位，如果不给宽度或者高度，默认大小是内容的大小。

③ 浮动元素、绝对定位（固定定位）元素都不会触发外边距合并问题。

④ 浮动只会压住它下面标准流的盒子，但不会压住下面标准流盒子里面的文字（图片），但是绝对定位（固定定位）会压住下面标准流所有的内容，如图 8.4.15 所示。

浮动之所以不会压住文字，因为浮动产生的目的最初是为了做文字环绕效果的。文字会围绕浮动元素，如图 8.4.16 所示。

（a）浮动图文排版　　　　（b）定位图文排版

浮动文字环绕小技巧

图 8.4.15　浮动图文排版和定位图文排版

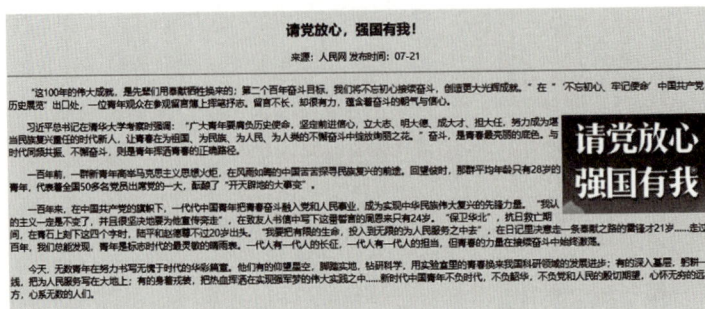

图 8.4.16　图文排版图片右浮动文字环绕效果

8.4.8 定位叠放次序 z-index

在使用定位布局时，可能会出现盒子重叠的情况。此时，可以使用 z-index 来控制盒子的前后次序（z 轴），如图 8.4.17 所示。

语法：选择器 { z-index：1； }

数值可以是正整数、负整数或 0，默认是 auto（0）。数值越大，盒子越靠上。

定位叠放次序

① 如果属性值相同，则按照书写顺序，后来居上。

② 数字后面不能加单位。

③ 只有定位的盒子才有 z-index 属性。

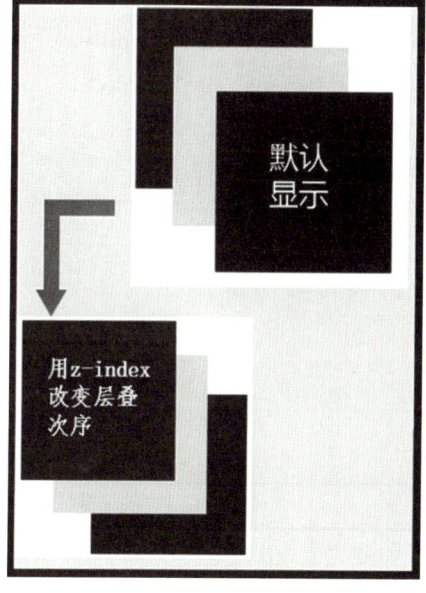

```
<style>
    div {
        width: 200px;
        height: 200px;
        background-color: red;
        position: absolute;
        /*z-index: 0;  只有定位的盒子才有*/
    }

    .red {
        z-index: 3;
    }

    .yellow {
        background-color: yellow;
        left: 50px;
        top: 50px;
        z-index: 2;
    }

    .blue {
        background-color: blue;
        left: 100px;
        top: 100px;
        z-index: 0;
    }
</style>
</head>

<body>
    <div class="red"></div>
    <div class="yellow"></div>
    <div class="blue"></div>
</body>
```

图 8.4.17　定位盒子的层级设置

📡 任务实践

（1）在 VSCode 中，创建站点文件夹，准备好素材资源文件夹，新建 804.html。

（2）轮播图结构分析如图 8.4.18 所示，部分代码如表 8.4.4 所示。

图 8.4.18　轮播图结构分析

表 8.4.4　轮播图部分代码

序号	部分 HTML 代码
01	`<div class="carousel clearfix">`
02	`<div class="carousel-inner">`
03	`<img src="./imgs/lbt1.jpg" alt="">`
04	`</div>`
05	`<div class="carousel-list">`
06	`<div class="item active"><img src="./imgs/lbt1.jpg" alt=""></div>`
07	`<div class="item"><img src="./imgs/lbt2.jpg" alt=""></div>`
08	`<div class="item"><img src="./imgs/lbt3.jpg" alt=""></div>`
09	`<div class="item"><img src="./imgs/lbt4.jpg" alt=""></div>`
10	`<div class="item"><img src="./imgs/lbt5.jpg" alt=""></div>`
11	`</div>`
12	`<ol class="carousel-indicators clearfix">`
13	`<li class="active"></li>`
14	`<li></li>`
15	`<li></li>`
16	`<li></li>`
17	`<li></li>`
18	`</ol>`
19	`</div>`

序号	CSS 代码	序号	CSS 代码
01	`* {`	37	`.carousel-list {`
02	`margin: 0;`	38	`float: left;`
03	`padding: 0;`	39	`width: 130px;`
04	`box-sizing: border-box;`	40	`height: 400px;`
05	`}`	41	`overflow-y: auto;`
06	`.clearfix::after {`	42	`margin-left: 10px;`
07	`content: "";`	43	`}`
08	`display: block;`	44	`.carousel-list .item {`
09	`height: 0;`	45	`margin-bottom: 10px;`
10	`visibility: hidden;`	46	`border-radius: 10px;`
11	`clear: both;`	47	`overflow: hidden;`
12	`}`	48	`}`
13	`li {`	49	`.carousel-list .item img {`
14	`list-style: none;`	50	`height: 73px;`
15	`}`	51	`opacity: .6;`

续表

序号	CSS 代码	序号	CSS 代码
16	a {	52	}
17	text-decoration: none;	53	.carousel-list .item.active img {
18	}	54	opacity: 1;
19	img {	55	}
20	width: 100%;	56	.carousel-indicators {
21	display: block;	57	width: fit-content;
22	}	58	position: absolute;
23	.carousel {	59	bottom: 50px;
24	position: relative;	60	left: 250px;
25	width: 840px;	61	}
26	margin: 10px;	62	.carousel-indicators li {
27	}	63	width: 30px;
28	.carousel-inner {	64	height: 4px;
29	border-radius: 10px;	65	background-color: #ccc;
30	overflow: hidden;	66	float: left;
31	float: left;	67	margin: 0 5px;
32	width: 700px;	68	}
33	}	69	.carousel-indicators li.active {
34	.carousel-inner img {	70	background-color: #fff;
35	height: 400px;	71	}
36	}		

任务 5　助农网局部导航部分

🚀 **任务展示**

助农网局部导航效果如图 8.5.1 所示。

图 8.5.1　助农网局部导航部分

任务准备

8.5.1　flex 简介

flex（flexible box），意为"弹性布局"，可叫伸缩布局，也可叫伸缩盒布局，还可叫弹性盒布局。flex 用来为盒状模型提供最大的灵活性，任何一个容器都可以指定为 flex 布局。

当将父盒子设为 flex 布局以后，子元素的 float、clear 和 vertical-align 属性将失效。

总结：就是通过给父盒子添加 flex 属性来控制子盒子的位置和排列方式。

体验 flex 布局

8.5.2　flex 布局原理

采用 flex 布局的元素，称为 flex 容器（flex container），简称"容器"。它的所有子元素自动成为容器成员，称为 flex 项目（flex item），简称"项目"，如图 8.5.2 所示。

flex 布局原理

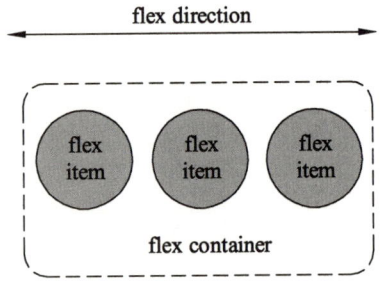

图 8.5.2　flex 容器

子容器可以横向排列，也可以纵向排列。

用户可以通过给父盒子添加 flex 属性，来控制子盒子的位置和排列方式。

8.5.3　flex 父项常见属性

flex 父项常见属性如表 8.5.1 所示。

表 8.5.1　flex 父项属性及说明

属性	说　明
flex-direction:	设置主轴的方向
justify-content:	设置主轴上的子元素排列方式
flex-wrap:	设置子元素是否换行
align-content:	设置侧轴上的子元素的排列方式（多行）
align-items:	设置侧轴上的子元素的排列方式（单行）
flex-flow:	符合属性，相当于同时设置了 flex-direction 和 flex-wrap

（1）flex-direction 设置主轴方向。

在 flex 布局中，分为主轴和侧轴两个方向：默认主轴方向是 X 轴，水平向右，默认侧轴方向是 Y 轴，垂直向下，如图 8.5.3 所示。

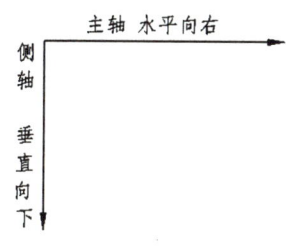

flex-direction 设置主轴方向

图 8.5.3　默认坐标方向

主轴和侧轴是会变化的，就用 flex-direction 设置主轴方向，侧轴与它对应 90°方向。而子元素是跟着主轴来排列的，如表 8.5.2 所示。

表 8.5.2　flex-direction 属性

属　性	说　明	效　果
row	从左到右（默认值）	
row-reverse	从右到左	
column	从上到下	
column-reverse	从下到上	

（2）justify-content 设置主轴上的子元素排列方式。

justify-content 属性定义了项目在主轴的对齐方式，使用前一定要确认好主轴的方向，其属性值如表 8.5.3 所示。

子元素在主轴上的排列方式

表 8.5.3　justify-content 属性值

值	描　述	显示效果
flex-start	默认值， 从行首起始位置开始排列	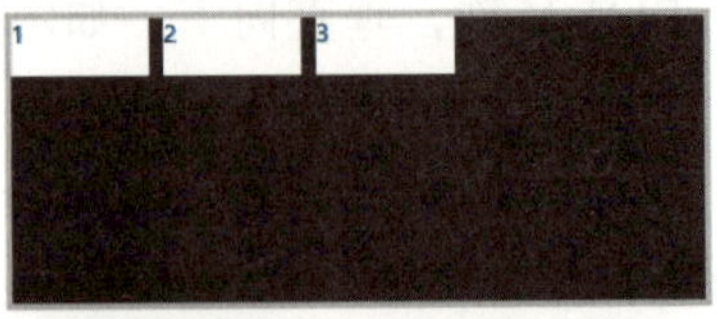
flex-end	从行尾位置开始排列	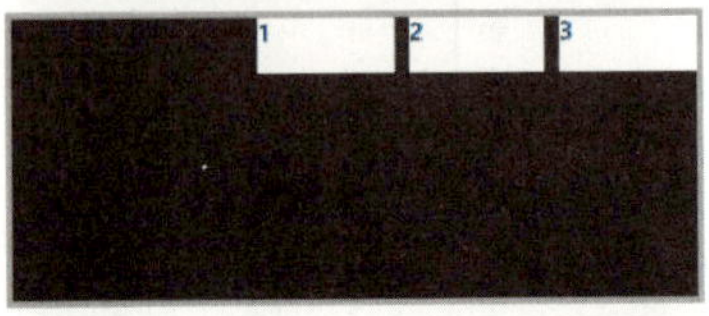
center	居中排列	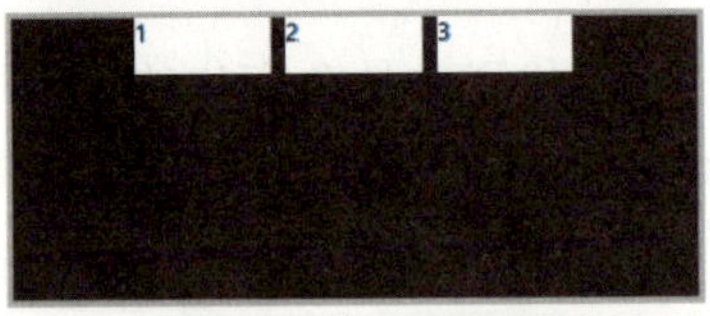
space-between	两边贴边， 再平均分配剩余空间	
space-evenly	均匀排列每个元素 每个元素之间的间隔相等	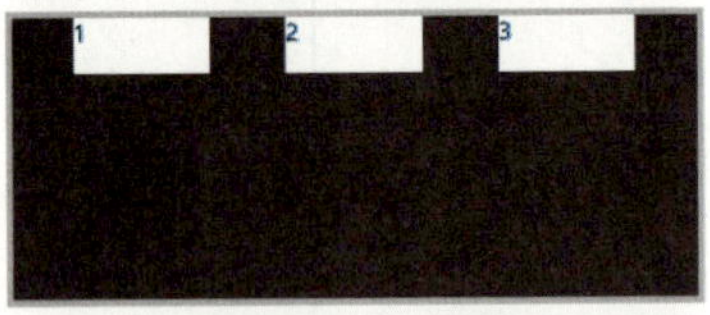
space-around	均匀排列每个元素 每个元素两边分配相同的空间	

（3）flex-wrap 换行。

在默认情况下，项目都排在一条线（又称"轴线"）上。flex-wrap 属性定义了是否换行，flex 布局中默认是不换行的，显示不下时，会缩小子元素强制显示在一行，其属性值如表 8.5.4 所示。

表 8.5.4　flex-wrap 属性值

值	描述	显示效果
nowrap	不换行（默认值）	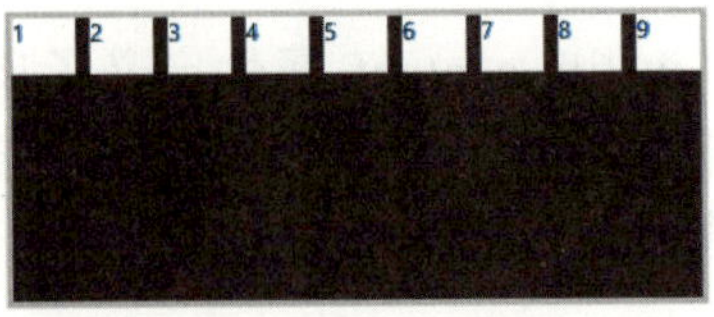

续表

值	描述	显示效果
wrap	换行，正向排列	
wrap-reverse	换行，反向排列	

（4）align-items 设置侧轴上的子元素排列方式（单行）。

该属性是控制子项在侧轴（默认是 y 轴）上的排列方式，在子项为单项（单行）时使用，其属性值如表 8.5.5 所示。

子元素在侧轴（单行）排列、换行

表 8.5.5　align-items 属性值

值	描述	显示效果
flex-start	元素位于容器的开头	
flex-end	元素位于容器的结尾	
center	元素位于容器的中心	
stretch	默认值，元素被拉伸以适应容器（拉伸时：子容器不要给高）	
baseline	元素位于容器的基线上	

（5）align-content 设置侧轴上的子元素的排列方式（多行）。

align-content 用户设置子项在侧轴上的排列方式，并且只能用于子项出现换行的情况（多行），在单行下是没有效果的，如表 8.5.6 所示。

子元素在侧轴（多行）排列、连写

表 8.5.6　align-content 属性值

值	描述	显示效果
flex-start	从侧轴头部开始排列	
flex-end	从侧轴的尾部开始排列	
center	侧轴居中排列	
space-between	两边贴边， 再平均分配剩余空间	
space-evenly	均匀排列每个元素， 每个元素之间的间隔相等	
space-around	均匀排列每个元素， 每个元素两边分配相同的空间	
stretch	默认值 元素被拉伸以适应容器	

align-content 和 align-items 区别如下：

① align-items 适用于单行情况，只有上对齐、下对齐、居中和拉伸。

② align-content 适应于换行（多行）的情况（单行情况下无效），可以设置上对齐、下对齐、居中、拉伸以及平均分配剩余空间等属性值。

③ 单行用 align-items，多行用 align-content。

注意：学会区分单行和多行，有了换行才是多行！

（6）flex-flow 复合属性。

flex-flow 是 flex-direction 和 flex-wrap 属性的复合属性，为设置主轴方向和是否换行显示的连写。

flex-flow：column wrap；

8.5.4　flex 子元素常见属性

子项 flex 属性

（1）flex 属性。

flex 属性用于定义子项目分配的剩余空间，用 flex 来表示占多少份数。

```
.item {
    flex: <number>;  /* 默认值 0 */
}
```

通过这个属性，用户可平均分配子元素，此时子元素就可以不用指定宽度了。

```
如：    * {
            box-sizing: border-box;
        }
        div {
            width: 60%;
            height: 100px;
            display: flex;
            margin: 0 auto;
        }
        span {
            background-color: skyblue;
            height: 100px;
            border: 1px solid #ccc;
            flex: 1;
        }
```

span	span	span

三个 span 在 div 中平均分成三份，各占一份。

网页常见布局如图 8.5.4 所示。

图 8.5.4　网页常见布局

其对应代码如下：

HTML 代码
<div>
<a href="#"><span></span><span></span></a>
<a href="#"><span></span><span></span></a>
<a href="#"><span></span><span></span></a>
</div>

序号	CSS 代码	序号	CSS 代码
01	* {	16	flex: 1;
02	padding: 0;	17	display: flex;
03	margin: 0;	18	flex-direction: column;
04	box-sizing: border-box;	19	/*主轴为 Y 轴*/
05	}	20	}
06	div {	21	a: nth-child（2）{
07	width: 60%;	22	margin: 0 5px;
08	height: 200px;	23	}
09	display: flex;	24	span {
10	margin: 100px auto;	25	background-color: pink;
11	border-radius: 20px;	26	flex: 1;
12	overflow: hidden;	27	}
13	}	28	span: nth-child（1）{
14	a {	29	margin-bottom: 5px;
15	height: 100%;	30	}

（2）align-self 控制子项自己在侧轴上的排列方式。

align-self 属性允许单个项目有与其他项目不一样的对齐方式，可覆盖 align-items 属性。默认值为 auto，表示继承父元素的 align-items 属性，如果没有父元素，则等同于 stretch。

align-self: flex-end;

运用 align-self 属性设置偶数盒子排列效果，如图 8.5.5 所示。

span: nth-child（2n）{

        align-self: flex-end;

}

子项自己在侧轴上的
排列方式和顺序

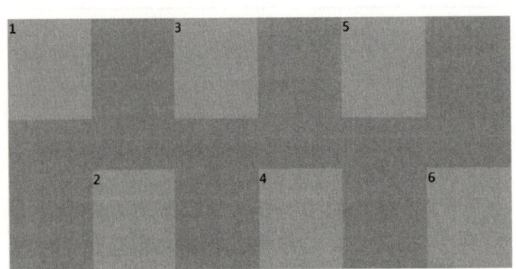

图 8.5.5　align-self 属性设置偶数盒子排列效果

（3）order 属性定义项目的排列顺序。

order 属性定义项目的排列顺序，应用如图 8.5.6 所示。

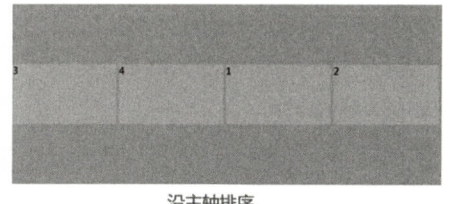

order 属性定义项目的排列顺序

数值越小，排列越靠前，默认为0。

注意：和 z-index 不一样。

```css
.item {
    order: <number>;
}
```

```css
* {
    padding: 0;
    margin: 0;
    box-sizing: border-box;
}

div {
    width: 60%;
    height: 300px;
    display: flex;
    justify-content: center;      /*主轴居中*/
    align-items: center;          /*侧轴居中*/
    margin: 100px auto;
    background-color: skyblue;
}

span {
    background-color: pink;
    height: 100px;
    width: 25%;
    margin-right: 5px;
}

span:nth-child(3) {
    order: -1;
}

span:nth-child(4) {
    order: -1;
}
```

沿主轴排序

图 8.5.6　order 属性定义项目的排列顺序

🔵 **任务实践**

（1）在 VSCode 中，创建站点文件夹，准备好素材资源文件夹，新建 805.html

（2）运用所学 flex 弹性盒布局，完成图 8.5.1 效果，其参考实现代码如表 8.5.7 所示。

表 8.5.7　局部导航部分实现代码

序号	部分 HTML 代码
01	`<div class="indexTop">`
02	`    <div class="item1 sidebar">`
03	`        <ul>`
04	`            <li>`
05	`                <a href="#">`
06	`                    <span>水果</span>`
07	`                    <i> > </i>`
08	`                </a>`
09	`            </li>`
10	`            ...`
11	`<!-- 重复 04-09 行代码多次-->`
12	`        </ul>`
13	`    </div>`
14	`<!-- 轮播图部分-->`
15	`        <div class="item2 carousel clearfix">`

续表

16	`<div class="carousel-inner">`
17	`<img src="./imgs/lbt1.jpg" alt="">`
18	`</div>`
19	`<div class="carousel-list">`
20	`<div class="item active"><img src="./imgs/lbt1.jpg"></div>`
21	`<div class="item"><img src="./imgs/lbt2.jpg"></div>`
22	`<div class="item"><img src="./imgs/lbt3.jpg"></div>`
23	`<div class="item"><img src="./imgs/lbt4.jpg"></div>`
24	`<div class="item"><img src="./imgs/lbt5.jpg"></div>`
25	`</div>`
26	`<ol class="carousel-indicators clearfix">`
27	`<li class="active"></li>`
28	`<li></li>`
29	`<li></li>`
30	`<li></li>`
31	`<li></li>`
32	`</ol>`
33	`</div>`
34	`<!-- 用户导航部分-->`
35	`<div class="item3 userbox">`
36	`<div class="pic">`
37	`<img src="./imgs/tx07.jpg" >`
38	`<span><i>***</i> <u>普通会员</u></span>`
39	`</div>`
40	`<div class="show"><b>高级会员</b><a href="#">立即成为></a></div>`
41	`<ul class="list">`
42	`<li class="item">`
43	`<a href="#">`
44	`<img src="./imgs/收藏.png" >`
45	`<span>收藏</span>`
46	`</a>`
47	`</li>`
48	`...`
49	`<!-- 重复 42-47 行代码多次-->`
50	`</ul>`
51	`</div>`
52	`</div>`

序号	CSS 代码	序号	CSS 代码
01	/* 初始化页面 */	82	.carousel-list .item img {
02	* {	83	height: 73px;
03	margin: 0;	84	opacity: .6;
04	padding: 0;	85	}
05	box-sizing: border-box;	86	.carousel-list .item.active img {
06	}	87	opacity: 1;
07	a {	88	}
08	text-decoration: none;	89	.carousel-indicators {
09	color: #333;	90	width: fit-content;
10	}	91	position: absolute;
11	li {	92	bottom: 50px;
12	list-style: none;	93	left: 250px;
13	}	94	}
14	img {	95	.carousel-indicators li {
15	width: 100%;	96	width: 30px;
16	display: block;	97	height: 4px;
17	}	98	background-color: #ccc;
18	.clearfix::after {	99	float: left;
19	content: "";	100	margin: 0 5px;
20	display: block;	101	}
21	height: 0;	102	.carousel-indicators li.active {
22	visibility: hidden;	103	background-color: #fff;
23	clear: both;	104	}
24	}	105	/* 用户导航界面 */
25	.indexTop {	106	.userbox {
26	width: 1200px;	107	width: 190px;
27	margin: 10px auto;	108	height: 400px;
28	display: flex;	109	background-image: -webkit-linear-
29	flex-wrap: wrap;	110	gradient(#c5e5d9, #fff);
30	justify-content: space-between;	111	}
31	}	112	.userbox .pic {
32	[class^='item'] {	113	padding: 5px;
33	border-radius: 10px;	114	}
34	}	115	.userbox .pic i {
35	/* 侧导航 弹性盒布局*/	116	font-style: normal;
36	.indexTop .sidebar {	117	color: #1883bd;
37	width: 150px;	118	}
38	height: 400px;	119	.userbox .pic u {
39	background-image: -webkit-linear-	120	text-decoration: none;
40	gradient(#c4e5d8, #f6f8f9);	121	color: yellow;
41	padding: 10px;	122	background-color: red;
42	}	123	font-size: 14px;

续表

序号	CSS 代码	序号	CSS 代码
43	.indexTop .sidebar a {	124	border-radius: 10px;
44	display: flex;	125	padding: 2px 5px;
45	justify-content: space-between;	126	}
46	}	127	.userbox .pic img {
47	.indexTop .sidebar ul {	128	width: 30%;
48	width: 100%;	129	border-radius: 50%;
49	height: 100%;	130	vertical-align: middle;
50	display: flex;	131	margin-right: 10px;
51	flex-direction: column;	132	}
52	justify-content: space-between;	133	.userbox .show {
53	}	134	display: flex;
54	/* 轮播图 */	135	justify-content: space-between;
55	.carousel {	136	background: #ffecb7;
56	position: relative;	137	border-radius: 10px;
57	width: 840px;	138	color: brown;
58	height: 400px;	139	margin: 0 10px 10px;
59	}	140	padding: 5px 10px;
60	.carousel-inner {	141	font-size: 14px;
61	border-radius: 10px;	142	}
62	overflow: hidden;	143	.userbox .list {
63	float: left;	144	display: flex;
64	width: 700px;	145	flex-wrap: wrap;
65	}	146	justify-content: space-evenly;
66	.carousel-inner img {	147	}
67	height: 400px;	148	.userbox .list .item {
68	}	149	width: 32%;
69	.carousel-list {	150	margin-bottom: 5px;
70	float: left;	151	}
71	width: 130px;	152	.userbox .list .item a {
72	height: 400px;	153	display: block;
73	overflow-y: auto;	154	display: flex;
74	margin-left: 10px;	155	flex-direction: column;
75	}	156	align-items: center;
76	.carousel-list .item {	157	font-size: 14px;
77	margin-bottom: 10px;	158	}
78	border-radius: 10px;	159	.userbox .list .item img {
79	overflow: hidden;	160	margin-bottom: 5px;
80	}	161	width: 60%;
81		162	}
		163	

任务 6　助农网品质优选部分

📍任务展示

助农网品质优选部分效果如图 8.6.1 所示。

图 8.6.1　助农网品质优选部分

📍任务准备

8.6.1　网格布局中的基本概念

（1）容器和项目。

采用网格布局的区域，称为"容器"。容器内部的采用网格定位的子元素称为"项目"。

```
<div class="grid-container">
        <div class="item">1</div>
        <div class="item">2</div>
        <div class="item">3</div>
    </div>
```

在以上代码中，grid-container 就是容器，item 就是项目。

（2）容器里的行、列、单元格及网格线。

容器里的水平区域称为"行"，容器里的垂直区域称为"列"，行列重叠出来的空间组成单元格函数。划分网格的线，称为"网格线"，如图 8.6.2 所示。

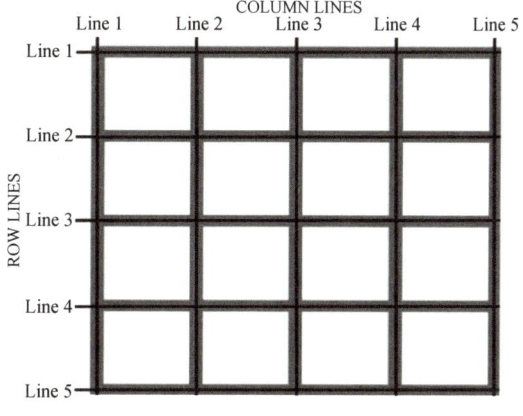

图 8.6.2　网格布局中行和列组成的网格线

8.6.2　grid 布局容器属性

grid 布局容器属性和说明如表 8.6.1 所示。

表 8.6.1　grid 布局中容器的属性和说明

属　性	说　明
grid-template-columns	设置行的宽度
grid-template-rows	设置行的高度
grid-template-areas	使用命名的网格元素，显示行和列
grid-column	跨列合并
grid-row	跨行合并
grid-area	定义网格元素的名称，或者是跨行跨列合并
grid-row-gap	设置网格之间行与行之间的间距
grid-column-gap	设置网格之间列与列之间的间距
grid-gap	复合属性，同时设置了 grid-column-gap 和 grid-row-gap

grid-template-columns 属性用于设置网格布局中的列数及宽度，grid-template-rows 属性用于设置网格布局中的行数及高度。

① 属性值可以是数字。

如图 8.6.3 所示，grid-template-columns 定义了 4 列各列的宽度，grid-template-rows 定义了 2 行各自的高度。

```
.grid-container {
display: grid;
grid-template-columns: 150px 150px 300px 150px;
grid-template-rows: 60px 100px;
}
```

```
<div class="grid-container">
  <div class="item1">1</div>
  <div class="item2">2</div>
  <div class="item3">3</div>
  <div class="item4">4</div>
  <div class="item5">5</div>
  <div class="item6">6</div>
  <div class="item7">7</div>
  <div class="item8">8</div>
</div>
```

1	2	3	4
5	6	7	8

图 8.6.3　网格布局定义行列案例

② repeat（m，n）函数。

repeat 有两个参数：m 代表重复的次数，n 代表重复的值。

如图 8.6.4 所示，grid-template-columns 用 repeat(3,40px)定义了前三列的宽度为 40px，grid-template-rows 用 repeat（2，40px）定义了 2 行的高度为 40px。

③ auto-fill 关键字。

单元格的大小是固定的，而容器的大小不确定，可以使用 auto-fill 关键字表示自动填充。

如图 8.6.5 所示，grid-template-columns，用（auto-fill，100px）定义了每列宽度为 100px，充满一行后自动换行。

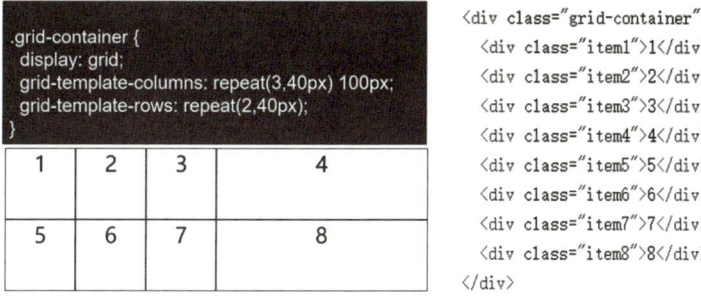

图 8.6.4　网格布局用 repeat 函数定义行列案例

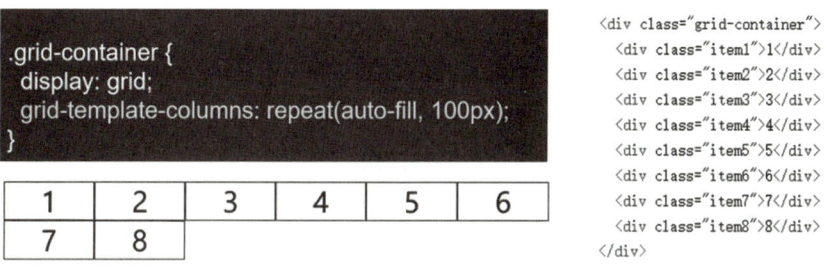

图 8.6.5　网格布局用 auto-fill 关键字定义列案例

④ fr 关键字。

fr 关键字表示比例关系。

如图 8.6.6 所示，grid-template-columns 用（3，1fr）定义了 3 列宽度，将父容器宽度平均分配，各占一份；grid-template-rows 用（3，1fr）定义了 3 行的高度，将父容器高度平均分配，各占一份。

图 8.6.6　网格布局用 fr 关键字定义行列案例

⑤ 属性值 auto。

属性值 auto 用于自动填满整个空间。

如图 8.6.7 所示，grid-template-columns 用 auto 定义了 4 列宽度，将父容器宽度充满；grid-template-rows 用（40px,auto）定义了第 1 行的高度为 40px，第 2 行高度将父容器高度剩余高度充满。

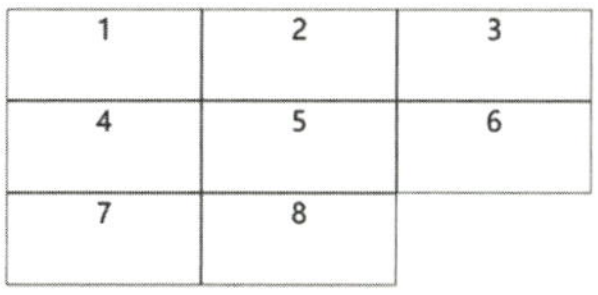

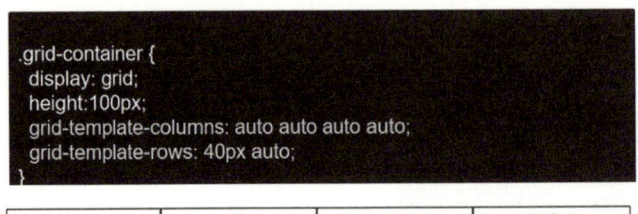

图 8.6.7　网格布局用属性值 auto 定义行列案例

8.6.3　grid-gap 属性

grid-gap 属性是 grid-column-gap 和 grid-row-gap 的合并简写形式，表示距离。如图 8.6.8 所示，grid-gap 设置子元素行和列之间间距为 10px。

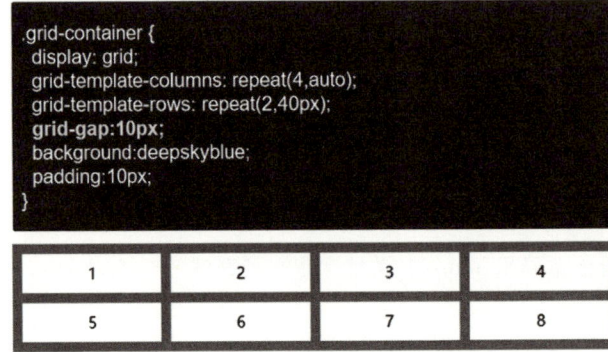

图 8.6.8　网格布局 grid-gap 属性案例

8.6.4　grid-template-areas 属性 / grid-area 属性

grid-template-areas 用于设定网格布局的结构，grid-area 属性定义了网格区域名称。具体案例如表 8.6.2 所示。

表 8.6.2　网格布局 grid-template-areas 案例

HTML 代码	显示效果

``html
<div class="grid-content">
    <div class="header"></div>
    <div class="header"></div>
    <div class="header">header</div>
    <div class="nav"></div>
    <div class="main">main</div>
    <div class="silder">slider</div>
    <div class="nav">nav</div>
    <div class="footer"></div>
    <div class="footer">footer</div>
</div>
``
	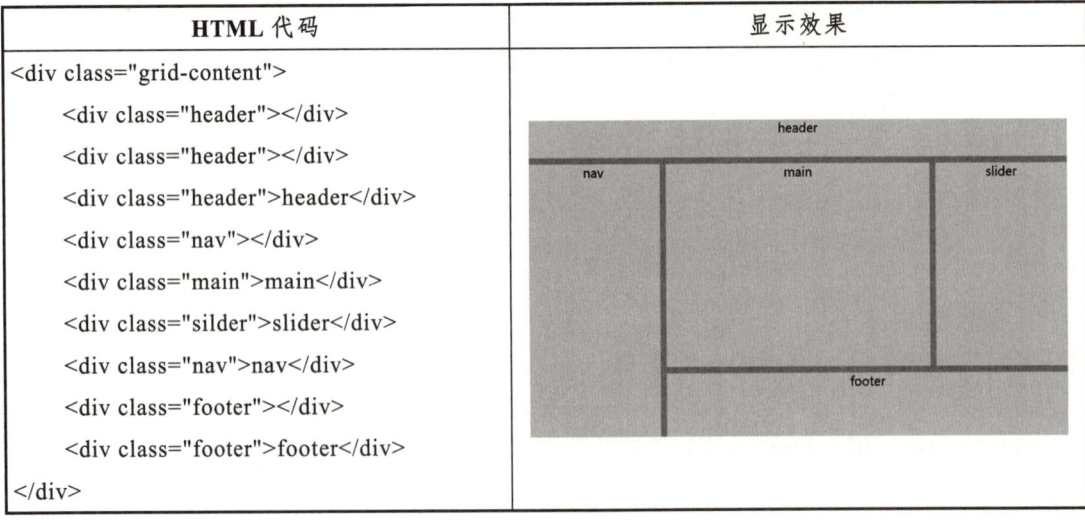

序号	CSS 代码	序号	CSS 代码
01	.grid-content {	14	}
02	width: fit-content;	15	.nav {
03	display: grid;	16	**grid-area: nav;**
04	grid-template-rows: 60px 300px 100px;	17	}
05	grid-template-columns: 200px 400px 200px;	18	.main {
06	grid-template-areas:	19	**grid-area: main;**
07	**'header header header'**	20	}
08	**'nav main slider'**	21	.slider {
09	**'nav footer footer';**	22	**grid-area: slider;**
10	grid-gap: 10px;	23	}
11	}	24	.footer {
12	.header {	25	**grid-area: footer;**
13	**grid-area: header;**	26	}

8.6.5　grid 布局合并单元格

（1）grid-row 属性。

grid-row 属性定义了网格元素行的开始和结束位置。

语法：

grid-row: grid-row-start / grid-row-end;

案例如图 8.6.9 所示，代码如下：

.item1 {

　　grid-row: 1 / 4;

}

表示跨行合并起始 / 结束，从网格元素行编号第 1 行到网格元素行编号第 4 行进行合并。

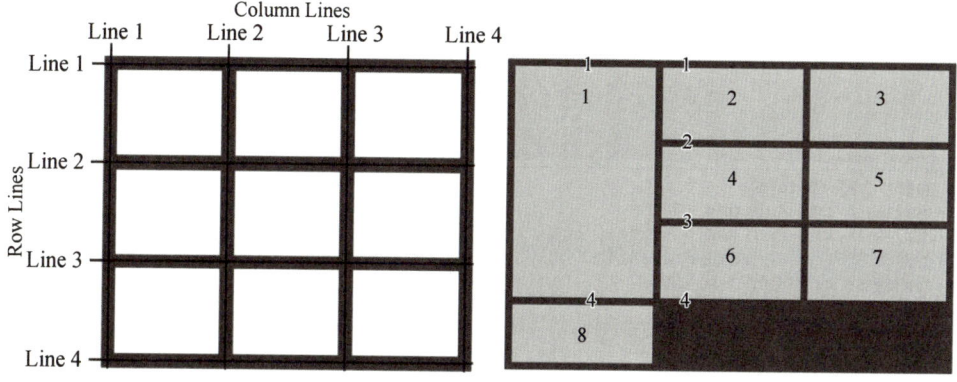

图 8.6.9　网格布局 grid-row 合并案例

（2）grid-column 属性。

grid-column 属性定义了网格元素列的开始和结束位置。

语法：

grid-column: grid-column-start / grid-column-end;

案例如图 8.6.10 所示，代码如下：

.item1 {

    grid-column: 2 / 4;

}

表示跨列合并起始 / 结束，从网格元素列编号第 2 列到网格元素列编号第 4 列进行合并。

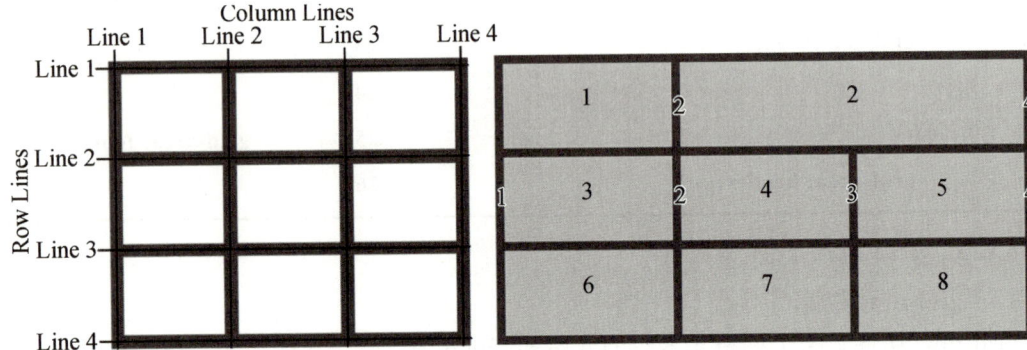

图 8.6.10　网格布局 grid-column 合并案例

运用网格布局进行编写网页中常见的布局格式，案例如图 8.6.11 所示。

```
<div class="grid-content">
    <div class="grid-item one">1</div>
    <div class="grid-item two">2</div>
    <div class="grid-item three">3</div>
    <div class="grid-item">4</div>
    <div class="grid-item">5</div>
    <div class="grid-item four">6</div>
</div>
```

```
.grid-content {
        width: fit-content;
        display: grid;
        grid-template-rows: repeat(4, 100px);
        grid-template-columns: repeat(3, 200px);
        grid-gap: 10px;
        padding: 10px;
        background-color: rgb(103, 187, 239);
}
.grid-item {
    background-color: rgb(192, 230, 225);
}
.one {
    grid-column: 1/4;
}
.two {
    grid-row: 2/4;
}
.three {
    grid-column: 2/4;
}
.four {
    grid-column: 1/4;
}
```

图 8.6.11　网格布局案例

（3）grid-column 属性 / grid-row 属性中 span 属性。

语法：

span 跨单元格的个数

如图 8.6.12 所示，grid-column：span 2；跨列 2 个单元格，grid-row：span 3；跨行 3 个单元格。

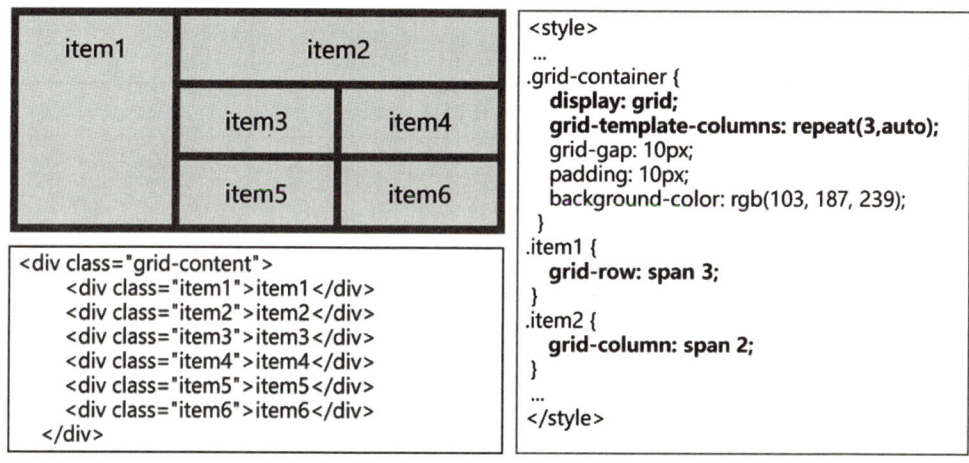

图 8.6.12　网格布局用 span 合并案例

（4）grid-area 属性（两种用途）。

① grid-area 属性指定网格元素在网格布局中的大小和位置，可以是以下属性的简写属性：

grid-row-start

grid-column-start

grid-row-end

grid-column-end

语法：

grid-area: grid-row-start / grid-column-start / grid-row-end / grid-column-end | itemname;

要实现如图 8.6.13 所示效果，可设置 grid-area:2/1/5/3；等同于 grid-area: span 3 / span 2;还可以写作为 grid-area: 2 / 1 / span 2 / span 2;

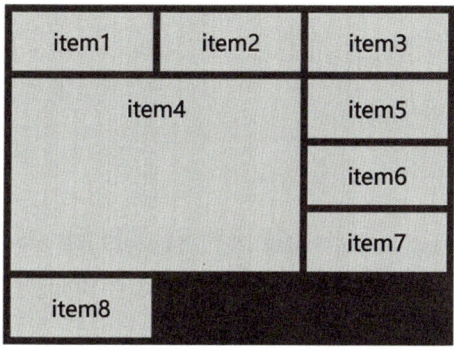

图 8.6.13　网格布局效果

② grid-area 属性也可以对网格元素进行命名。

命名的网格元素可以通过容器的 grid-template-areas 属性来引用，见表 8.6.2。

任务实践

（1）在 VSCode 中，创建站点文件夹，准备好素材资源文件夹，新建 806.html。

（2）运用所学 grid 网格布局，完成图 8.6.1 效果，部分实现代码如表 8.6.3 所示。

表 8.6.3　品质优选部分实现代码

序号	部分 HTML 代码
01	<div class="recommend">
02	<div class="grid-content">
03	<div class="item1">
04	<img src="./imgs/pzyx.jpg">
05	</div>
06	<div class="item2">
07	<a href="#">
08	<img src="./imgs/tj2.jpg">
09	<span>6.00 元/斤</span>
10	<p>【基地直供】大麦苗</p>
11	</a>
12	</div>
13	<div class="item3">
14	<a href="#">
15	<img src="./imgs/tj3.jpg">
16	<span>6.00 元/斤</span>
17	<p> 【基地直供】大麦苗</p>
18	</a>
19	</div>
20	...
21	<!--参考 06-12 代码进行重复添加商品-->
22	<div class="item8">
23	...
24	</div>
25	<div class="item9"><img src="./imgs/tj9.jpg"></div>
26	<div class="item10"><img src="./imgs/tj10.jpg"></div>
27	</div>
28	</div>

序号	CSS 代码	序号	CSS 代码
01	* {	35	
02	padding: 0;	36	}
03	margin: 0;	37	[class^='item'] img {
04	box-sizing: border-box;	38	width: 100%;
05	}	39	}
06	a {	40	.recommend [class^='item'] a {
07	text-decoration: none;	41	height: 100%;
08	color: #333;	42	display: flex;
09	}	43	flex-direction: column;
10	.recommend {	44	justify-content: space-between;
11	width: 1200px;	45	align-items: center;
12	margin: 10px auto;	46	}
13	}	47	.recommend [class^='item'] span {
14	.recommend .grid-content {	48	color: red;
15	display: grid;	49	font-weight: 700;
16	grid-template-rows: 300px 145px	50	font-size: 18px;
17	145px;	51	}
18	grid-template-columns: repeat(5,	52	.recommend [class^='item'] p {
19	1fr);	53	width: 100%;
20	gap: 10px;	54	padding: 5px 0;
21	}	55	background-color: rgb(56, 181, 234);
22	.recommend .grid-content>div {	56	color: #fff;
23	border: 2px solid #6eccff;	57	}
24	}	58	.recommend .item6,
25	.recommend .item1 {	59	.recommend .item7,
26	grid-row: span 3;	60	.recommend .item8 {
27	background-color: #6eccff;	61	grid-row: span 2;
28	display: flex;	62	}
29	justify-content: center;	63	[class^='item']:nth-of-type(n+2):hover {
30	align-items: center;	64	box-shadow: 0px 5px 15px rgba(0, 0, 0, .5);
31	}	65	}
32	[class^='item'] {	66	
33	text-align: center;	67	
34	transition: all 1s;		

📑 探索训练

任务1　制作仿轮播图的点击播放效果

要求：运用所学浮动布局，结合盒模型知识和 overflow 属性，运用锚点特性制作仿轮播图的点击播放效果如图 8.1 所示。

效果：点击右边小图，左边大图会对应出现大图。

图 8.1　仿轮播图的点击播放效果

参考代码如表 8.1 所示。

表 8.1　实现代码

序号	部分 HTML 代码
01	`<div class="box">`
02	`<h3>校园风光</h3>`
03	`<div class="big">`
04	`<img src="imgs/l1.jpg" id="a">`
05	`<img src="imgs/l2.jpg" id="b">`
06	`<img src="imgs/l3.jpg" id="c">`
07	`<img src="imgs/l4.jpg" id="d">`
08	`<img src="imgs/l5.jpg" id="e">`
09	`<img src="imgs/l6.jpg" id="f">`
10	`<img src="imgs/l7.jpg" id="g">`
11	`<img src="imgs/l9.jpg" id="h">`
12	`</div>`
13	`<div class="small">`

续表

序号	部分 HTML 代码
14	`<a href="#a"><img src="imgs/l1.jpg"></a>`
15	`<a href="#b"><img src="imgs/l2.jpg"></a>`
16	`<a href="#c"><img src="imgs/l3.jpg"></a>`
17	`<a href="#d"><img src="imgs/l4.jpg"></a>`
18	`<a href="#e"><img src="imgs/l5.jpg"></a>`
19	`<a href="#f"><img src="imgs/l6.jpg"></a>`
20	`<a href="#g"><img src="imgs/l7.jpg"></a>`
21	`<a href="#h"><img src="imgs/l9.jpg"></a>`
22	`</div>`
23	`</div>`

序号	CSS 代码	序号	CSS 代码
01	`* {`	26	
02	`    padding: 0;`	27	`.big {`
03	`    margin: 0;`	28	`    float: left;`
04	`    box-sizing: border-box;`	29	`    border: 5px solid #fff;`
05	`}`	30	`    margin-left: 25px;`
06	`.box {`	31	`/*浮动后的盒子水平居中*/`
07	`    margin: 100px auto;`	32	`/*text-align: center;无效*/`
08	`    width: 550px;`	33	`    overflow: hidden;`
09	`    height: 400px;`	34	`        /*溢出隐藏*/`
10	`    text-align: center;`	35	`}`
11	`    background: #213A8F;`	36	`.small {`
12	`    box-shadow: 10px -10px rgb (116,`	37	`    float: left;`
13	`141, 232), 20px -20px rgb(210, 215, 247);`	38	`    height: 300px;`
14	`    border: 1px solid #ccc;`	38	`    overflow-y: scroll;`
15	`}`	39	`    /*添加垂直滚动条*/`
16	`.box h3 {`	40	`    border: 2px solid #fff;`
17	`    color: #fff;`	41	`}`
18	`    font: 400 22px "宋体";`	42	`.small img {`
19	`    margin-top: 25px;`	43	`    width: 80px;`
20	`    margin-bottom: 20px;`	44	`    height: 54px;`
21	`}`	45	`    display: block;`
22	`.big, .big img {`	46	`}`
23	`    width: 400px;`	47	`.small a {`
24	`    height: 300px;`	48	`    display: block;`
25	`}`	49	`}`
		50	

任务 2 制作奥运五环

要求：运用盒模型属性和定位的层级关系制作奥运五环叠加效果，如图 8.2 所示。

提示：以蓝色为例，原本 2 个蓝色都被黄色压着，先将另一个蓝色改变层级大于黄色，并把变大层级的蓝色下边框颜色变成透明（目的为左边层级高压住黄色，下边变透明了显现出之前比黄色层级低的蓝色环），以此类推……

图 8.2 奥运五环案例

参考代码如表 8.2 所示。

表 8.2 奥运五环实现代码

序号	部分 HTML 代码
01	`<section>`
02	`<p><img src="./imgs/together.png" alt=""></p>`
03	`<ul class="flag">`
04	`<li class="blue"></li>`
05	`<li class="blue alt"></li>`
06	`<li class="yellow"></li>`
07	`<li class="yellow alt"></li>`
08	`<li class="black"></li>`
09	`<li class="green"></li>`
10	`<li class="green alt"></li>`
11	`<li class="red"></li>`
12	`<li class="red alt"></li>`
13	`</ul>`
14	`</section>`

序号	CSS 代码	序号	CSS 代码
01	body {		
02	font-size: 10px;	48	.flag .blue {
03	}	49	left: 0;
04	section {	50	top: 0;
05	width: 1400px;	51	}
06	height: 800px;	52	.flag .yellow {
07	margin: 20px auto;	53	z-index: 10;
08	background: url(./imgs/bg1.jpg) no-	54	left: 7.5em;
09	repeat center bottom;	55	top: 7.7em;
10	background-size: 100% auto;	56	}
11	}	57	.flag .black {
12	p {	58	z-index: 20;
13	text-align: center;	59	left: 15.6em;
14	}	60	top: 0;
15	.flag {	61	}
16	position: fixed;	62	.flag .green {
17	left: 50%;	63	z-index: 10;
18	margin-left: -232px;	64	left: 23.4em;
19	top: 230px;	65	top: 7.7em;
20	}	66	}
21	li {	67	.flag .red {
22	position: absolute;	68	left: 31.2em;
23	top: 0;	69	top: 0px;
24	left: 0;	70	}
25	width: 12em;	71	/* 蓝色压住黄色 */
26	height: 12em;	72	.flag .blue.alt {
27	list-style: none;	73	z-index: 25;
28	border-radius: 50%;	74	border-bottom-color: transparent;
29	border: solid 1.6em black;	75	}
30	box-shadow: 13px -3px 5px rgba(0, 0,	76	/* 黄色压住和黑色 */
31	0, .3);	77	/* 蓝色层级>黄色层级>黑色层级 */
32	}	78	.flag .yellow.alt {
33	.blue {	79	z-index: 21;
34	border-color: blue;	80	border-right-color: transparent;
35	}	81	}
36	.yellow {	82	/* 绿色压住黑色 */
37	border-color: yellow;	83	/* 黑色层级>绿色层级>红色层级 */
38	}	84	.flag .green.alt {
39	.black {	85	z-index: 30;
40	border-color: black;	86	border-left-color: transparent;
41	}	87	}
42	.green {	88	/* 红色压住黑绿色 */
43	border-color: green;	89	.flag .red.alt {
44	}	90	z-index: 40;
45	.red {	91	border-bottom-color: transparent;
46	border-color: red;	92	}
47	}		

任务 3　制作"厉害了我的国"手风琴案例

要求：使用目标伪类选择器和弹性盒布局制作手风琴案例。

效果：点击当前标题部分，展示对应内容详细图文介绍，其余内容均不显示。参考效果如图 8.3 所示，案例分析如图 8.4、图 8.5 所示。

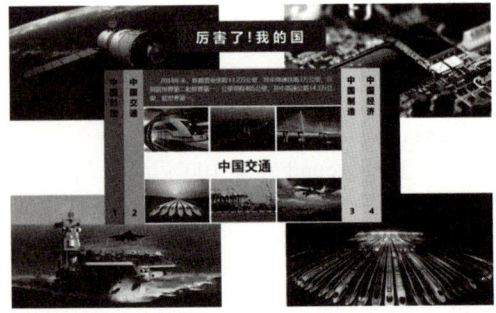

图 8.3　手风琴案例——厉害了我的国

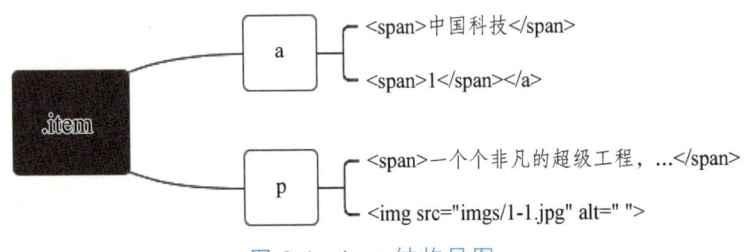

图 8.4　item 结构导图

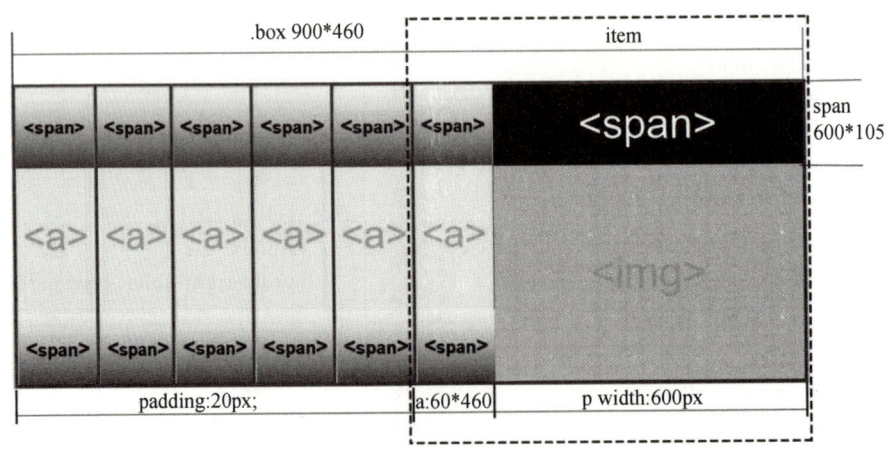

图 8.5　手风琴案例结构分析

📑 **模块小结**

本模块介绍了浮动、定位、多列布局、弹性布局和网格布局。通过实践，读者能熟练掌握浮动和定位的特性，理解网格布局的基本概念，在制作一个页面时，能够灵活使用各种方式对网格进行划分，将网格放入单元格或网格区域，并设置相应的对齐方式。通过弹性盒子的灵活性和伸缩性以及弹性盒的嵌套使用，可以实现构建复杂的布局。

习题与实训

一、选择题

1. 下面关于浮动说法正确的是（   ）。
    A. 元素左浮动的表示方法是 float:right   B. 使用浮动可以实现网页布局
    C. 使用浮动不会导致元素脱离标准文档流   D. 使用浮动没有什么副作用产生

2. 以下不属于 float 特性的是（   ）。
    A. 浮动的元素会脱离标准流排列
    B. 浮动的元素会具有行内块元素的特性
    C. 多个元素浮动后，会在一行内显示，并且顶端对齐排列
    D. 多个浮动的元素中间有无法消除的间隙

3. 下面哪一个定位，元素会脱离文档流，不占据文档流的位置，相对于浏览器窗口进行定位。（   ）
    A. 相对定位   B. 绝对定位   C. 固定定位   D. 粘性定位

4. position 属性用于定义元素的定位模式，下列选项中属于 position 常用属性的是（   ）。
    A. absolute   B. relative   C. fixed   D. static   E. inherit

5. 以下关于浮动描述正确的是（   ）。（多选）
    A. 浮动的元素不占位置
    B. 浮动的元素超过父级宽度会自动换行
    C. 浮动的元素如果没有指定宽度，会自适应
    D. 浮动的元素一般都是并列关系，一个浮动后面元素都会一起浮动

6. 下列属于 float 常用属性值的是（   ）。（多选）
    A. left   B. right   C. center   D. none

7. 以下推荐使用清除浮动的方式有哪几种（   ）。（多选）
    A. 在浮动元素末尾添加一个空的块级标签
    B. 通过设置父元素 overflow 值为 hidden
    C. 父元素也设置浮动
    D. 给父元素添加 clearfix 类

8. 以下属性中，哪个是定义多行子元素在侧轴的排列方式（   ）。
    A. justify-content   B. align-items   C. align-content   D. align-self

9. 下列哪一个属性定义项目的排列顺序，数值越小越靠前（   ）。
    A. align-self   B. order   C. wrap   D. flex-item

10. 采用 Flex 布局的元素，称为 Flex 容器。其子元素为 flex item，称为"项目"。以下属于容器属性的是（   ），属于项目属性的是（   ）。（多选）
    A. flex-direction   B. flex-wrap   C. flex-flow   D. justify-content
    E. order   F. align-items   G. align-self   H. align-content   I. flex

11. 关于 flex 说法错误的是（　　　）。

　　A. 设置 flex 布局以后，子元素的 float 和 clear 等样式全部失效

　　B. 任何一个容器都可以使用 flex 弹性布局

　　C. 设置 flex:1 无意义

　　D. flex 是弹性布局

12. 网格布局中（　　　）单位，表示比例关系。如：200px 1()2()代表第一个为 200px，后面各占剩余空间的 1/3、2/3。

　　A. auto-fill　　B. fr　　C. minmax　　D. auto

二、判断题

1. 浮动只能左右，不能上下。（　　　）

2. 图片浮动后，会压住后面的文字。（　　　）

3. 如果一个浮动元素在另一个浮动元素之后显示，而且会超出容纳块（没有足够的空间），则它会下降到低于先前任何浮动元素的位置，即换行显示。（　　　）

4. z-index 设置定位叠放顺序，默认是 1，属性值可以为负值。（　　　）

5. absolute 是相对定位，其特点以浏览器作为参照坐标移动，移动后原位置不保留。（　　　）

6. relative 是相对定位，其特点以浏览器为参照坐标移动，移动后原位置仍然保留。（　　　）

7. 弹性盒布局，默认主轴的方向是水平方向，侧轴是垂直方向，不可以改变。（　　　）

8. 弹性盒布局，align-items：stretch；项目将占满整个容器的高度。（　　　）

9. 在 Flex 布局时，默认情况下，项目会一行显示，排列不下时，会自适应缩小显示。（　　　）

10. 任何一个容器都可以指定为 Flex 布局，设为 Flex 布局以后，子元素的 float、clear 和 vertical-align 属性将失效。（　　　）

11. 通过设置 display:grid/inline-grid 即可把元素变为网格布局容器，触发浏览器引擎的网格布局算法。grid 为块级元素、inline-grid 为行内元素。（　　　）

三、实训题

1. 完善助农网商品列表页，在产品展示部分，运用"子绝父相"定位，添加"热销商品"和"补货中"，效果参考如图 8.6 所示。

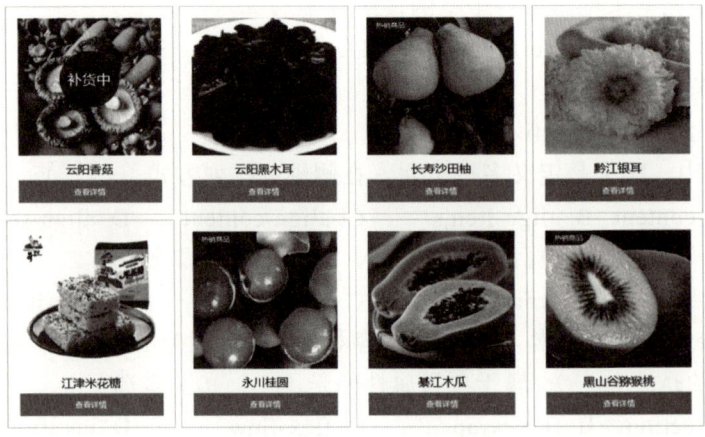

图 8.6　助农网商品列表展示部分效果图

2. 运用定位和状态化伪类效果制作，当鼠标经过时，图片放大的效果，如图 8.7 所示。

图 8.7　放大相册

3. 结合本模块教学内容，完成助农网首页页面制作，效果如图 8.8 所示。

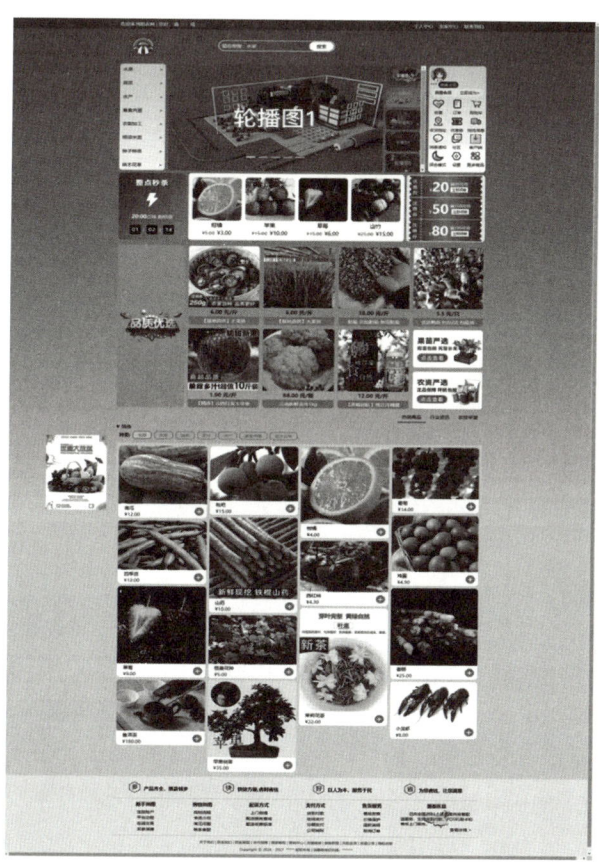

图 8.8　助农网首页效果

模块九

网页中表单的应用

本模块实现助农网注册页面。

📑 教学导航

教学目标	（1）了解表单的功能，能够快速创建表单；
	（2）清楚表单的组成；
	（3）掌握表单相关元素，能够准确定义不同的表单控件；
	（4）掌握表单的样式控制，能够美化表单界面；
	（5）掌握常见登录、注册页面的制作方法；
	（6）掌握用 CSS 样式修改表单外观的方法
教学方法	任务驱动法、理实一体化、合作探究法
建议课时	4~8 课时

📑 渐进训练

任务 1　登录页面

✈ 任务展示

助农网登录界面如图 9.1.1 所示。

图 9.1.1　助农网登录界面

任务准备

9.1.1 认识表单

生活中的表单，如高考报名需要填写报名信息表，如图 9.1.2 所示。表单的作用是为了收集用户信息。在网页中，也需要跟用户进行交互，以收集用户资料，此时也需要表单。

考生号	□□□□□□□□□□□□□□			姓名		性别	
基本信息	毕业类别		毕业学校			考生类别	
	政治面貌		民族		退役义务兵 □是	职业类别	
	身份证号	□□□□□□□□□□□□□□□□□□			户口所在县市		
	外省籍进城务工人员随迁子女 □是		内地新疆、西藏、青海班学生 □是			获少年班报考资格学生 □是	
	录取通知书邮寄地址				邮政编码		
	高中学籍辅号	□□□□□□□□□□	联系电话	移动电话	电话二		
报考信息	报考科类	□普通类 □艺术类 □体育类	高考外语语种	□英语 □俄语 □日语 □德语 □法语 □西班牙语		参加高校招生英语面试□是	
	参加艺术、体育术科考试	□统考美术 □统考音乐 □统考舞蹈 □统考时装表演 □统考影视表演 □统考播音主持 □统考编导 □统考摄制 □艺术校考 □统考体育					
	参加特招生、高水平运动队专项测试 □是		特招生、高水平运动队测试项目名称				
综合信息	本人简历(只填写高中阶段及以后的简历)						
	起讫日期	在何地（单位）学习或工作			任何职务	证明人	
	参加各类比赛、竞赛获奖情况						
	取得各类证书情况						
	本人特长						
	备注						
往届生和应届非新课改考生补充信息	思想品德考核结果	□合格 □不合格		体育达标结果	□达标 □不达标		
	高中阶段任职情况	□校学生会主席 □校学生会委员 □校团委副书记 □校团委委员 □班长 □班委 □班团支书 □班团支委					
	高中阶段获得荣誉情况	□省级三好生 □市三好学生 □县三好学生 □校三好学生 □市优秀干部 □县优秀干部 □校优秀干部 □市优秀团员 □县优秀团员 □校优秀团员					
报名信息现场确认点				残疾考生申请考试便利：□申请			
政策加分项目申报							
体育项目加分测试申报							

图 9.1.2 高考报名填写表单

9.1.2 表单的组成

在 HTML 中，一个完整的表单通常由表单控件（也称为表单元素）、提示信息、表单域 3 部分构成，如图 9.1.3 所示。

图 9.1.3 表单组成部分

（1）表单域。

一个包含表单元素的区域，用来容纳所有的表单控件和提示信息，可以通过它定义处理表单数据所用程序的 url 地址，以及数据提交到服务器的方法。如果不定义表单域，表单中的数据就无法传送到后台服务器。

表单域

（2）表单控件。

表单控件包含了具体的表单功能项，如单行文本输入框、密码输入框、复选框、提交按钮、重置按钮等。

（3）提示信息。

一个表单中通常还需要包含一些说明性的文字，提示用户进行填写和操作。

9.1.3　表单域

在 HTML 中，form 标签被用于定义表单域，即创建一个表单，以实现用户信息的收集和传递，form 中的所有内容都会被提交给服务器。创建表单的基本语法格式如下：

```
<form action="url 地址" method="提交方式"  name="表单名称">
    各种表单控件
</form>
```

如：`<form action="demo.php"  method="POST"  name="login">`

`</form>`

常用属性：

action：在表单收集到信息后，需要将信息传递给服务器进行处理，action 属性用于指定接收并处理表单数据的服务器程序的 url 地址。

method：用于设置表单数据的提交方式，其取值为 get（保密性差，有数据量限制）或 post（匿名提交，不限数据量）。

name：用于指定表单的名称，以区分同一个页面中的多个表单。

注意：每个表单都应该有自己的表单域。

9.1.4　表单控件

组成表单的标签，如表 9.1.1 所示。

表 9.1.1　表单的组成标签

标　签	描　述
`<from>`	定义一个表单区域以及携带表单的相关信息
`<input>`	输入表单元素
`<select>`	定义列表元素
`<option>`	定义列表元素中的项目
`<textarea>`	定义表达文本域元素
`<label>`	定义输入元素的标签
`<button>`	定义各类类型的按钮

（1）input 控件（重点）。

`<input />`标签为单标签，type 属性为其最基本的属性，其取值有多种，用于指定不同的控件类型。除 type 属性外，`<input />`标签还能定义很多其他的属性，其属性如表 9.1.2 所示。

表 9.1.2　input 控件

属性	属性值	描　述
type	text	单行文本输入框
	password	密码输入框
	radio	单选按钮
	checkbox	复选框
	button	普通按钮
	submit	提交按钮
	reset	重置按钮
	image	图像形式的提交按钮
	file	文件域
name	由用户自定义	控件的名称
value	由用户自定义	input 控件中的默认文本值
size	正整数	input 控件在页面中的显示宽度
readonly	readonly	input 控件内容只能读，不能编辑修改
disabled	disabled	禁用 input 控件
checked	checked	定义选择控件默认被选中的项
maxlength	正整数	控件允许输入的最多字符数

radio 单选框，如果是同一组，必须给它们命名相同的名字 name，如：

男 `<img src="imgs/nan.png"  height="20">`

　`<input type="radio"  name="sex"  checked="checked">`

女 `<img src="imgs/nv.png"  height="20" >`

　`<input type="radio"  name="sex" >`

文本框和密码框　　　　　单复选框　　　　　表单按钮

注意：

name 和 value 是每个表单元素都具有的属性值，主要给后台人员使用。要求单选按钮和复选框同一组的 name 值必须相同。

① submit 提交按钮，可以把表单域 form 里面的表单元素值提交给后台服务区，submit 默认内容是提交，可以通过 value 值修改按钮文字。

如：`<input type= "submit"value="登录">`

② reset 重置按钮，可以还原表单元素的初始默认状态，默认文字为重置，可以通过 value 值修改按钮文字。

③ button 普通按钮，搭配 JS 使用，不会提交数据，与 button 标签效果一致，不同的是表单按钮内容要写在 value 里面，button 标签是双标签。

④ file 点击可以选择文件、上传文件。

如：`<input type = "file">`

如下列 HTML 代码执行后，效果如图 9.1.4 所示。

HTML 代码
`<form method="post" action="#">`
`<!-- 单行文本域，属性 value 设置默认内容 -->`
用户名：
`<input type="text" value="请输入您的昵称"> `
`<!-- 密码框，属性 maxlength 设置允许最多输入 6 个字符 -->`
密　码：
`<input type="password" value="123456" maxlength="6"> `
`<!-- 单选按钮，name 进行分组，checked 表示默认选中 -->`
性　别：
`<input type="radio" name="sex" checked>男`
`<input type="radio" name="sex">女 `
`<!-- 多选按钮，name 进行分组 -->`
爱　好：
`<input type="checkbox" name="aihao"> 看书`

续表

```
        <input type="checkbox" name="aihao"> 旅游
        <input type="checkbox" name="aihao"> 运动
        <input type="checkbox" name="aihao"> 游戏
        <input type="checkbox" name="aihao"> 看电影  <br>
        <!-- 上传文件 -->
        上传头像: <input type="file" name=""> <br>
        <input type="text" value="填写验证码">
        <input type="button" value="点击发送验证码"><br>
        <input type="submit" value="提交">
        <!-- disabled 表示禁用，无法点击，点击无效 -->
        <input type="reset" value="重置"><br>
        <p>我已经是会员，点击登录↓</p>
        <input type="image" src="./imgs/denglu.png">
    </form>
```

用户名: 请输入您的昵称	—— 单行文本域
密 码: ●●●●●●	—— 密码框
多选按钮 —— 性 别: ●男 ○女	
多选按钮 —— 爱 好: □看书 □旅游 □运动 □游戏 □看电影	
上传头像: 选择文件 未选择任何文件	—— 文件选择框
填写验证码 点击发送验证码	—— 普通按钮
提交按钮 —— 提交 重置	—— 重置按钮
我已经是会员，点击登录↓	
登 录	—— 图像按钮

图 9.1.4　显示效果

（2）select 下拉菜单。

使用 select 控件定义下拉菜单的基本语法格式如下：

```
<select>
 <option    selected =" selected ">选项 1</option>
 <option>选项 2</option>
 <option>选项 3</option>
 ...
</select>
```

下拉列表和表单域

注意：

·<select></select>中，至少应包含一对<option></option>。

·在 option 中定义 selected =" selected "时，当前项即为默认选中项。

HTML 代码	显示效果
学历： <select> 　　\<option >-请选择-\</option> 　　\<option >研究生及以上\</option> 　　\<option >本科\</option> 　　\<option >高职\</option> 　　\<option >中职\</option> 　　\<option >高中\</option> 　　\<option >其他\</option> \</select>	学历： -请选择- ▼ -请选择- 研究生及以上 本科 高职 中职 高中 其他

\<option>标签可以与\<select>和\<datalist>配合使用，其属性如表 9.1.3 所示。

表 9.1.3　option 标签的属性与描述

属性	值	描　　述
disabled	disabled	规定此选项应在首次加载时被禁用
label	text	定义当使用 \<optgroup> 时所使用的标注
selected	selected	规定选项（在首次显示在列表中时）表现为选中状态
value	text	定义送往服务器的选项值

HTML 代码	显示效果
\<p>籍贯：\</p> \<select> 　　\<optgroup label="重庆"> 　　　　\<option>主城\</option> 　　　　\<option>永川\</option> 　　　　\<option>万州\</option> 　　　　\<option>长寿\</option> 　　　　\<option>合川\</option> 　　\</optgroup> 　　\<optgroup label="四川"> 　　　　\<option>成都\</option> 　　　　\<option>自贡\</option> 　　　　\<option>内江\</option> 　　　　\<option>宜宾\</option> 　　\</optgroup> \</select>	籍贯： 主城 ▼ 重庆 　主城 　永川 　万州 　长寿 　合川 四川 　成都 　自贡 　内江 　宜宾

（3）datalist 标签。

<datalist> 标签规定了<input>元素的选项列表，用来为<input>元素提供"自动完成"的特性。用户能看到一个下拉列表，里边的选项是预先定义好的，将其作为用户的输入数据。

使用 <input> 元素的 list 属性来绑定 <datalist> 元素。

语法：

```
<input list='id 名'>
<datalist id='名'>
        <option value="选项 1"></option>
        <option value="选项 2"></option>
                ...
        <option value="选项 n"></option>
</datalist>
```

HTML 代码	显示效果

`<p>请对本次服务进行评价：</p>`
`<input type="text" list="pingjia">`
`<datalist id="pingjia">`
　`<option value="非常满意"></option>`
　`<option value="比较满意"></option>`
　`<option value="一般"></option>`
　`<option value="很不满意"></option>`
`</datalist>`
	请对本次服务进行评价：
	
	非常满意
	比较满意
	很不满意

（4）label 标签。

label 为 input 元素定义标注（标签）。

作用：用于绑定一个表单元素，当点击 label 标签时，被绑定的表单元素就会获得输入焦点。

如何绑定元素呢？

for 属性规定 label 与相关表单元素 id 属性绑定。

如下面代码对应点击 label 标签中"男"这个文本，就会选中 radio 单选控件：

`<label for="boy">男</label>`

`<input type="radio" name="sex" id="boy" >`

（5）textarea 控件（文本域）。

如果需要输入大量的信息，就需要用到<textarea></textarea>标签。通过 textarea 控件可以轻松地创建多行文本输入框（图 9.1.5），其基本语法格式如下：

`<textarea  cols = "每行中的字符数"   rows="显示的行数">`

文本内容

`</textarea>`

网友评论 文明上网理性发言，请遵守新闻评论服务协议　　　　腾讯牛评　　135条评论

文本域 textarea

登录

图 9.1.5　表单多行文本框

（6）新增 input type 属性。

新增 input type 属性如表 9.1.4 所示。

H5 新增属性

表 9.1.4　新增 input type 属性

值	描　述
email	定义用于 e-mail 地址的文本字段
url	定义用于 url 的文本字段
date	定义日期字段（带有 calendar 控件），选取日、月、年
time	定义日期字段的时、分（带有 time 控件）
datetime	定义日期字段（带有 calendar 和 time 控件，选取 UTC 时间）
datetime-local	定义日期字段（带有 calendar 和 time 控件，选取本地时间）
month	定义日期字段的月（带有 calendar 控件）
week	定义日期字段的周（带有 calendar 控件）
number	定义带有 spinner 控件的数字字段
range	定义用于应该包含一定范围内数字值的输入域，显示为滑动条
search	定义用于搜索的文本字段
tel	定义用于电话号码的文本字段
color	定义拾色器

可参考：https://www.h5anli.com/articles/201605/newinput.html

（7）表单新增属性。

表单新增属性如表 9.1.5 所示。

表 9.1.5　表单新增属性

属性	描述	用法
placeholder	占位符，当用户输入的时候，里面的文字消失，删除所有文字，自动返回	<input type="text" placeholder="请输入用户名">
autofocus	规定当页面加载时 input 元素应该自动获得焦点	<input type="text" autofocus>
multiple	多文件上传	<input type="file" multiple>
required	必填项，内容不能为空	<input type="text" required>
accesskey	规定激活（使元素获得焦点）的快捷键，采用 alt + s 的形式	<input type="text" accesskey="s">

如下列 HTML 代码执行后，效果如图 9.1.6 所示。

HTML 代码

```
<form action="" method="get">
    <table>
        <caption>
            <h3>会员注册页面</h3>
        </caption>
        <tr>
            <td>用户名</td>
            <td><input type="text" autofocus></td>
            <td>HTML5 新增光标定位 autofocus 属性</td>
        </tr>
        <tr>
            <td>*密码</td>
            <td><input type="password" name="" required></td>
            <td>HTML5 新增必选/填 required 属性</td>
        </tr>
        <tr>
            <td>*确认密码</td>
            <td><input type="password" name="" accesskey="s"></td>
            <td>HTML5 新增快捷按钮 accesskey=""</td>
        </tr>
        <tr>
            <td>性别</td>
            <td>
                <input type="radio" name="xb">
                <img src="imgs/man.jpg"> 男
                <input type="radio" name="xb">
                <img src="imgs/women.jpg"> 女
```

HTML 代码
</td>   <td></td> </tr> <tr>   <td>上传美照</td>   <td><input type="file" name="" multiple></td>   <td>HTML5 新增多选 multiple 属性</td> </tr> <tr>   <td>电子邮箱</td>   <td><input type="email" name=""></td>   <td>HTML5 新增邮箱 type="email"</td> </tr> <tr>   <td>手机号码</td>   <td><input type="tel"></td>   <td>HTML5 新增电话号码 type="tel"</td> </tr> <tr>   <td>年龄</td>   <td><input type="number" name=""></td>   <td>HTML5 新增数字输入属性 type="number"</td> </tr> <tr>   <td>专业</td>   <td><input type="" placeholder="计算机应用"></td>   <td>HTML5 新增占位符 placeholder=""</td> </tr> <tr>   <td>出生日期</td>   <td><input type="date"></td>   <td>HTML5 新增日期类型 type="date"</td> </tr> <tr>   <td>教学周数</td>   <td><input type="week"></td>

续表

HTML 代码

```
        <td>HTML5 新增周数 type="week"</td>
    </tr>
    <tr>
        <td>喜欢的颜色</td>
        <td><input type="color"></td>
        <td>HTML5 新增颜色拾取 type="color"</td>
    </tr>
    <tr>
        <td>英语等级</td>
        <td><input type="range"></td>
        <td>HTML5 新增滑块控件 type="range"</td>
    </tr>
    <tr>
        <td>爱好</td>
        <td>
            <input type="checkbox" name="aihao">运动  <br />
            <input type="checkbox" name="aihao">K 歌  <br />
            <input type="checkbox" name="aihao">游戏  <br />
            <input type="checkbox" name="aihao">网购  <br />
            <input type="checkbox" name="aihao" checked="checked">旅游  <br />
            <input type="checkbox" name="aihao">逛街  <br />
        </td>
        <td></td>
    </tr>
    <tr>
        <td>籍贯</td>
        <td>
            <select name="">
                <option >重庆</option>
                <option >四川</option>
                <option >云南</option>
                <option >贵州</option>
                <option>新疆</option>
            </select>
        </td>
        <tr>
```

续表

HTML 代码

```
                <td>备注</td>
                <td>
                    <textarea name="" cols="30" rows="5"></textarea>
                </td>
                <td></td>
            </tr>
            <td></td>
        </tr>
        <tr>
            <td></td>
            <td>
                <input type="submit">
                <input type="reset">
            </td>
            <td></td>
        </tr>
    </table>
</form>
```

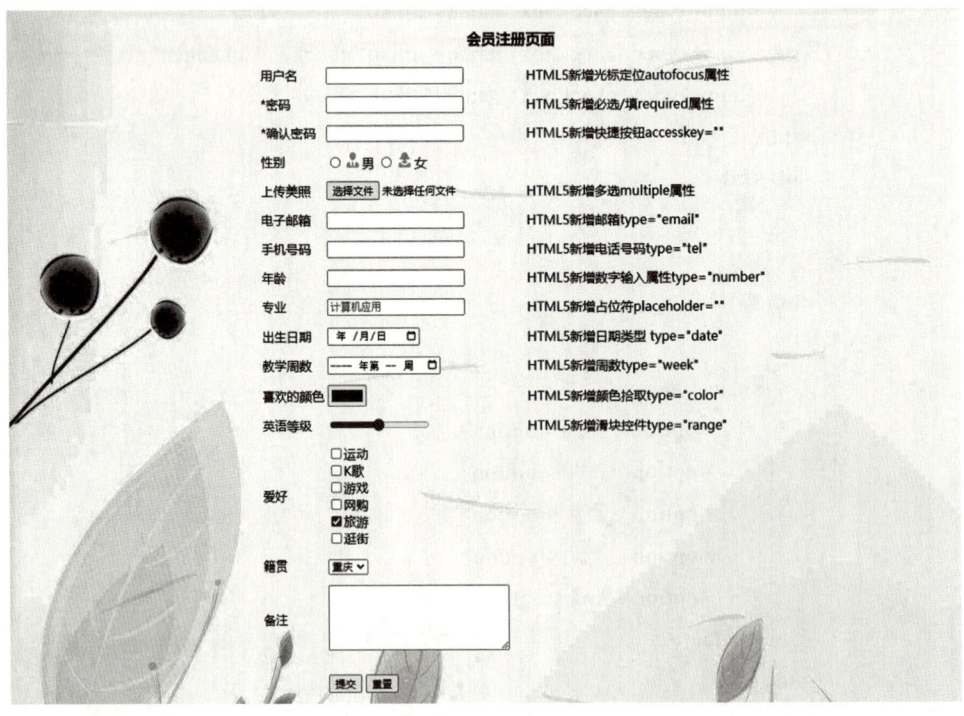

图 9.1.6　表单新增属性和控件

运用所学表单标签及属性，结合 CSS 页面美化和布局，制作助农网登录页面，效果见图 9.1.1，实现代码如表 9.1.6 所示。

表 9.1.6　实现代码

序号	部分 HTML 代码
01	`<div class="logon">`
02	`    <div class="left">`
03	`        <div class="logo">`
04	`            <h1>`
05	`                <img src="../imgs/logo3.png" alt=""> 助农网`
06	`            </h1>`
07	`            <h2>助农电商购物平台</h2>`
08	`        </div>`
09	`        <div class="change-wallpaper">`
10	`            <img src="../imgs/wallpaper/wallpaper.jpg">`
11	`            <img src="../imgs/wallpaper/wallpaper1.jpg">`
12	`            <img src="../imgs/wallpaper/wallpaper2.jpg">`
13	`            <img src="../imgs/wallpaper/wallpaper3.jpg">`
14	`            <img src="../imgs/wallpaper/wallpaper4.jpg">`
15	`        </div>`
16	`    </div>`
17	`    <form action="" class="logon-box">`
18	`        <div class="title">`
19	`            <span>登录</span>`
20	`        </div>`
21	`        <div class="input-box">`
22	`            <div>`
23	`                <input id="inputUid" type="text" placeholder="请输入账号">`
24	`            </div>`
25	`            <div class="pwd"> <img class="password-display" src="../icon/password_`
26	`close.png">`
27	`                <input id="inputPwd" type="password" placeholder="密码" value=`
28	`"00000000"></div>`
29	`            <div class="yzm">`
30	`                <input id="inputYzm" class="input-yzm-view" type="text"`
31	`placeholder="验证码">`
32	`                <button id="yzmView" title="看不清？点击刷新试试">`

续表

序号	部分 HTML 代码
33	`<span id="str1">2</span>`
34	`<span id="str2">m</span>`
35	`<span id="str3">3</span>`
36	`<span id="str4">D</span>`
37	`</button>`
38	`</div>`
39	`</div>`
40	
41	`<div class="agree">`
42	`<input type="checkbox" name="" id="agree">`
43	`<label for="agree"> <span style="color: #fff;">我已阅读并同意用户协议`
44	`</span>            </label>`
45	`</div>`
46	`<div class="btn">`
47	`<input disabled id="btnLogin" type="button" value="登录"class= "btn-`
48	`login">`
49	`</div>`
50	`<div class="txt-btn">`
51	`<a href="#">忘记密码</a>`
52	`<a href="#">注册账号</a>`
53	`</div>`
54	`</form>`
55	`</div>`

序号	CSS 代码	序号	CSS 代码
01	`/* 初始化表单 */`	81	`background-color: #f3f3f3;`
02	`input {`	82	`height: 40px;`
03	`outline: none;`	83	`border: 2px solid #fff;`
04	`border: 0;`	84	`border-radius: 5px;`
05	`}`	85	`padding-left: 10px;`
06	`body {`	86	`margin-bottom: 15px;`
07	`background:`	87	`}`
08	`url(../imgs/wallpaper/wallpaper.jpg) no-repeat;`	88	`.input-box .pwd {`
09	`background-size: cover;`	89	`position: relative;`
10	`background-position: center;`	90	`}`
11	`overflow: hidden;`	91	`.input-box img {`
12	`}`	92	`position: absolute;`

续表

序号	CSS 代码	序号	CSS 代码
13	.logon {	93	width: 30px;
14	display: flex;	94	right: 10px;
15	justify-content: space-around;	95	top: 5px;
16	align-items: center;	96	}
17	height: 100vh;	97	.input-box .yzm {
18	}	98	display: flex;
19	.logon .left {	99	justify-content: space-between;
20	display: flex;	100	}
21	height: 100vh;	101	.input-box .yzm input {
22	flex-direction: column;	102	width: 50%;
23	justify-content: center;	103	}
24	}	104	.input-box button {
25	.logo {	105	width: 45%;
26	width: 40vw;	106	}
27	display: flex;	107	.input-box span {
28	align-items: center;	108	display: inline-block;
29	}	109	}
30	.logon h1 img {	110	.input-box #str1 {
31	height: 80px;	111	color: red;
32	width: 80px;	112	font-size: 22px;
33	}	113	font-weight: 700;
34	.logon h1 {	114	}
35	font-size: 0;	115	.input-box #str2 {
36	}	116	color: blue;
37	.logon h2 {	117	font-size: 22px;
38	color: #fff;	118	font-weight: 400;
39	font-size: 40px;	119	transform: rotate(-60deg);
40	margin-left: 20px;	120	}
41	}	121	.input-box #str3 {
42	/* 背景选择 */	122	color: #333;
43	.change-wallpaper {	123	font-size: 18px;
44	width: 40vw;	124	transform: rotate(30deg);
45	display: flex;	125	}
46	gap: 10px;	126	.input-box #str4 {
47	margin-top: 40px;	127	color: green;
48	}	128	font-size: 24px;

续表

序号	CSS 代码	序号	CSS 代码
49	.change-wallpaper img {	129	font-family: "cursive";
50	width: 20%;	130	}
51	border-radius: 20px;	131	#agree {
52	border: 2px solid #fff;	132	width: 15px;
53	}	133	height: 15px;
54	/* 登录表单 */	134	}
55	.logon-box {	135	.agree {
56	background-color: rgba(0, 0, 0, .2);	136	display: flex;
57	border-radius: 30px;	137	align-items: center;
58	width: 340px;	138	}
59	height: 420px;	139	.agree span {
60	border: 1px solid #fff;	140	font-size: 14px;
61	padding: 30px;	141	padding-left: 10px;
62	}	142	}
63	.logon-box .title {	143	#btnLogin {
64	text-align: center;	144	background-color: #ffa500;
65	color: #fff;	145	width: 100%;
66	text-shadow: 2px 2px 3px rgba(0, 0, 0, .7);	146	padding: 6px;
67	font-size: 24px;	147	border-radius: 10px;
68	letter-spacing: 3px;	148	margin: 15px 0;
69	padding-bottom: 10px;	149	font-size: 20px;
70	border-bottom: 2px solid #999;	150	color: #fff;
71	}	151	letter-spacing: 5px;
72	.input-box {	152	}
73	position: relative;	153	.logon-box .txt-btn {
74	padding-top: 30px;	154	display: flex;
75	}	155	justify-content: space-between;
76	.input-box input,	156	}
77	.input-box button {	157	.logon-box .txt-btn a {
78	width: 100%;	158	color: #fff;
79		159	font-size: 14px;
80		160	}

探索训练

任务 1　可以切换的登录注册页

要求：运用所学，在一个 html 页面上制作登录和注册点击切换效果。

效果：视觉上，页面没有跳转。

推荐使用：背景固定、弹性盒布局、溢出隐藏等实现案例效果，效果如图 9.1 所示。

图 9.1　登录/注册界面

实现代码如表 9.1 所示。

表 9.1　实现代码

序号	部分 HTML 代码
01	`<!-- 登录 -->`
02	`<div class="logon" id="logon">`
03	`<div class="container-form container-signin">`
04	`<form action="#" class="form" id="form2">`
05	`<h2 class="form-title">欢迎登录</h2>`
06	`<input type="email" class="input" placeholder="邮箱号">`
07	`<input type="password" class="input" placeholder="密码">`
08	`<a href="#" class="link">忘记密码</a>`
09	`<button class="btn">点击注册</button>`
10	`</form>`
11	`<div class="overlay-panel overlay-right">`
12	`<a href="#login" class="btn" id="signup">`
13	没有账号，点击注册
14	`</a>`
15	`</div>`
16	`</div>`
17	`</div>`
18	`<!-- 注册 -->`
19	`<div class="login" id="login">`
20	`<div class="container-form container-signup">`
21	`<form action="#" class="form" id="">`
22	`<h2 class="form-title">欢迎注册</h2>`
23	`<input type="text" placeholder="用户名" class="input">`
24	`<input type="email" class="input" placeholder="邮箱号">`
25	`<input type="password" class="input" placeholder="密码">`
26	`<button class="btn">点击注册</button>`
27	`</form>`
28	`<div class="overlay-panel overlay-left">`
29	`<a href="#logon" class="btn" id="signin">`
30	已有账号，直接登录
31	`</a>`
32	`</div>`
33	`</div>`
34	`</div>`

序号	CSS 代码	序号	CSS 代码
01	* {	43	
02	margin: 0;	44	box-shadow: 0 .9rem 1.7rem rgba(0, 0, 0,
03	padding: 0;	45	0.25), 0 0.7rem 0.7rem rgba(0, 0, 0, 0.22);
04	box-sizing: border-box;	46	}
05	}	47	form h2 {
06	a {	48	font-weight: normal;
07	text-decoration: none;	49	}
08	}	50	.input {
09	body {	51	width: 100%;
10	height: 100vh;	52	background-color: #fff;
11	background: url(./2.jpg)no-repeat center	53	padding: .9rem;
12	top / cover fixed;	54	margin: 0.5rem 0;
13	backdrop-filter: blur(2px);	55	border: 0;
14	overflow: hidden;	56	outline: 0;
15	}	57	}
16	.login,	58	.overlay-panel {
17	.logon {	59	display: flex;
18	position: relative;	60	justify-content: center;
19	height: 100vh;	61	align-items: center;
20	display: flex;	62	width: 375px;
21	justify-content: center;	63	background: url(./2.jpg) no-repeat;
22	align-items: center;	64	background-size: 750px auto;
23	}	65	}
24	.container-form {	66	.overlay-right {
25	display: flex;	67	background-position: right top;
26	position: absolute;	68	}
27	left: calc(50% - 375px);	69	.overlay-left {
28	border-radius: 10px;	70	background-position: left top;
29	overflow: hidden;	71	}
30	}	72	.btn {
31	.container-signup {	73	background-color: #f25f8e;
32	flex-direction: row-reverse;	74	box-shadow: 0 4px 4px rgba(255, 112,
33	}	75	159, .3);
34	form {	76	border-radius: 5px;
35	display: flex;	77	color: #e7e7e7;
36	flex-direction: column;	78	border: 0;
37	align-items: center;	79	cursor: pointer;
38	justify-content: space-between;	80	font-size: .8rem;
39	background-color: #e7e7e7;	81	font-weight: 700;
40	width: 375px;	82	letter-spacing: .1rem;
41	height: 420px;	83	padding: .9rem 4rem;
42	padding: 45px 30px;	84	}
		85	

模块小结

表单是交互式网站非常重要的应用之一。本模块主要介绍了表单制作方法，一个完整的表单由表单域、提示信息和表单控件三部分组成。通过实践，读者掌握了表单控件的 input 控件及其常用属性的用法，能熟练运用表单组织页面元素，制作常见的登录注册页面。

习题与实训

一、选择题

1. 在表单中，提交按钮应该用下面哪个属性：（   ）。

    A. submit   B. button

    C. text   D. reset

2. 按钮 type 属性值不包括如下哪些：（   ）。

    A. reset   B. text

    C. submit   D. button

3. 密码是使用下列哪个属性值来定义的（   ）。

    A. password   B. psd

    C. text   D. secret

4. 在表单中允许用户从一组选项中选择多个选项的表单对象是（   ）。

    A. 单选按钮   B. 列表/菜单

    C. 复选框   D. 单选按钮组

5. 下列属于在表单标签 type 的属性值的有：（   ）。（多选）

    A. text   B. submit

    C. radio   D. password

二、判断题

1. 表单 type 对应的 file 属性值，每次只能选择单个文件。（   ）

2. input 属性中占位符 placeholder 和 value 作用完全一样。（   ）

3. 单选按钮/复选按钮必须要分组，分组的属性是 name。（   ）

4. 表单的提交方式 get 属于匿名提交，保密性好。（   ）

5. for 属性规定 label 标签与相关元素的 id 属性进行绑定。（   ）

6. <select></select>作为下拉选项标签，里面至少应包含一对<option></option>。（   ）

7. <option>标签可以和<select>和<datalist>配合使用。（   ）

三、实训题

1. 参考课堂案例，观察各电商注册页面，制作与助农网匹配的注册页面。

2. 观察各电商网站用户评价页面，制作助农网商品评价页面。

3. 制作网站意见反馈页面，如图 9.2 所示。

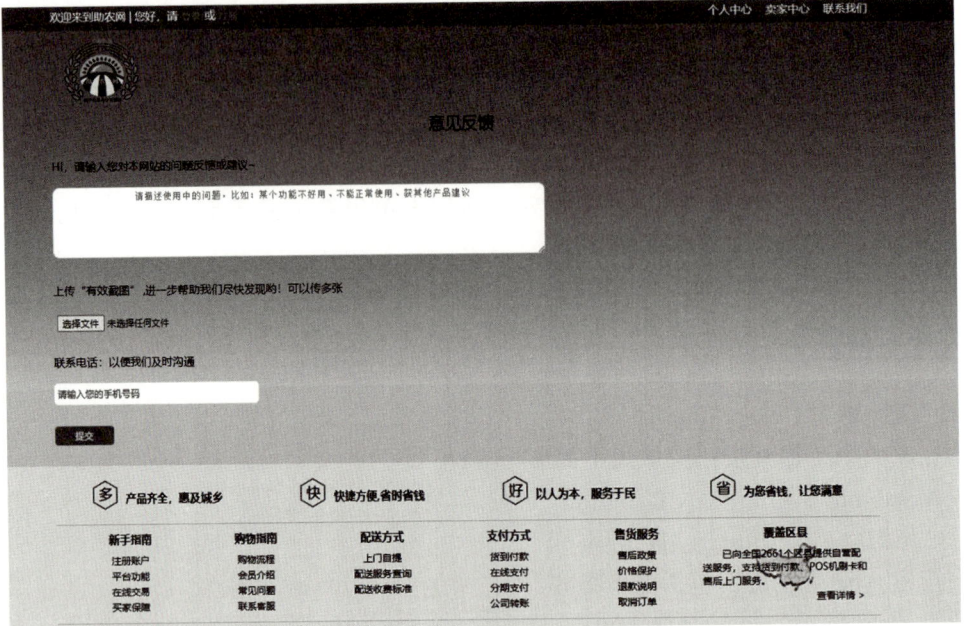

图 9.2　意见反馈界面

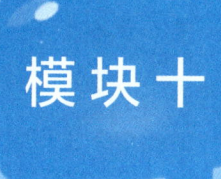

模块十

CSS3 高级应用

本模块实现助农网页面动画特效。

教学导航

教学目标	（1）理解过渡属性，能够控制过渡的时间、动画快慢；
	（2）学会动画属性的使用方法，能熟练制作网页常见动画效果；
	（3）掌握 CSS3 2D 和 3D 的位移、旋转、扭曲和缩放属性的使用；
	（4）能对旋转中心点进行设置；
	（5）能制作一些简单的动画和特效
教学方法	任务驱动法、理实一体化、合作探究法
建议课时	4~8 课时

渐进训练

任务 1　转呼啦圈的机器人

🛫 任务展示

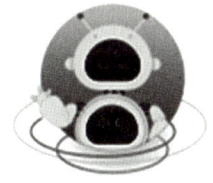

图 10.1.1　转呼啦圈的机器人

🛫 任务准备

10.1.1　过渡（transition）

过渡是 CSS3 中具有颠覆性的特征之一，可以在不使用 Flash 动画或者 JavaScript 的情况下，当元素从一种样式变换为另一种样式时，为元素添加效果。过渡动画是从一个状态渐渐过渡到另一个状态，可以让页面更好看，更具动感。

CSS3 过渡 1

使用过渡属性需满足以下两个条件：

（1）元素必须有状态变化。

（2）每种状态必须有不同样式。

过渡常常和:hover（鼠标经过时）、:focus（获取焦点时）、:active（当前状态）、:target（目标被选中）搭配使用。

IE9 以下版本不支持过渡特征，但不会影响页面布局。

transition 是设置过渡属性的复合属性，如表 10.1.1 所示，可连写。

表 10.1.1　过渡属性及描述

属　　性	描　　述
transition-property	过渡属性（默认值为 all）
transition-duration	过渡持续时间（默认值为 0s），单位是 s 秒
transition-timing-function	过渡运动曲线（默认值为 ease 函数）
transition-delay	过渡延迟时间（默认值为 0s），单位是 s

过渡运动曲线属性如表 10.1.2 所示。

表 10.1.2　过渡运动曲线属性

值	描　　述
linear	规定以相同速度开始至结束的过渡效果（等于 cubic-bezier（0, 0, 1, 1））
ease	规定慢速开始，然后变快，然后慢速结束的过渡效果（等于 cubic-bezier（0.25, 0.1, 0.25, 1））
ease-in	规定以慢速开始的过渡效果（等于 cubic-bezier（0.42, 0, 1, 1））
ease-out	规定以慢速结束的过渡效果（等于 cubic-bezier（0, 0, 0.58, 1））
ease-in-out	规定以慢速开始和结束的过渡效果（等于 cubic-bezier（0.42, 0, 0.58, 1））
cubic-bezier（n, n, n, n）	在 cubic-bezier 函数中定义自己的值。可能的值是 0 至 1 之间的数值

语法：

transition：<transition-property>||<transition-duration>| |<transition-timing-function>| |<transition- delay>

过渡属性的书写位置：过渡元素原状态上！

如：div {

　　　width: 200px;

　　　height: 200px;

CSS3 过渡 2

```
        border: 1px solid #666;
        transition: all 1s;
        /*给 div 加过渡效果，1S 完成*/
    }
    div:hover {
        box-shadow: 4px 4px 6px rgba(0, 0, 0, .5);
  }
```

10.1.2 关键帧动画（animation）

关键帧动画可以通过设置多个节点来精确控制一个或一组动画，常用来实现复杂的动画效果。动画可以实现更多变化更多控制、连续自动播放等效果。

动画 1

（1）制作动画。

分为两步：

①先定义动画（@keyframes 定义动画）。

②再调用动画（animation）。

动画 2

CSS 定义动画如下：

序号	CSS 代码	序号	CSS 代码
01	@keyframes　动画名称 {	12	bottom：0；
02	0% {	13	}
03	left：0；	14	75% {
04	top：0；	15	left：0；
05	}	16	bottom：0；
06	25% {	17	}
07	right：0；	18	100% {
08	top：0；	19	left：0；
09	}	20	top：0；
10	50% {	21	}
11	right：0；	22	}

0%是动画的开始，100%是动画的完成，这样的规则就是动画序列。

在@keyframes 中规定某项 CSS 样式，就可以创建单标签样式并逐渐改变为新的样式的动画效果。

动画是使元素从一种样式逐渐变化为另一种样式的效果。读者可以改变任意多的样式、任意多的次数。

使用百分比来规定变化的时间，或用关键词"from"和"to"，等同于"0%""100%"。

常用动画属性

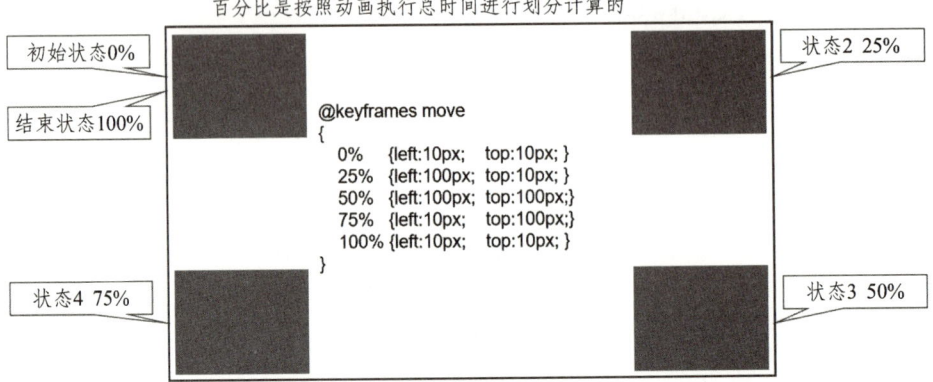

常用动画属性如表 10.1.3 所示。

表 10.1.3　常用动画属性

属性	描述
@keyframes	规定动画
animation	所有动画属性的简写属性，除了 animation-play-state 属性
animation-name	规定@keyframes 动画的名称。(必写属性)
animation-duration	规定动画完成一个周期所花费的秒或毫秒，默认是 0 (必写属性)
animation-timing-function	规定动画的速度曲线，默认是"ease"
animation-delay	规定动画何时开始，默认是 0
animation-iteration-count	规定动画被播放的次数，默认是 1，"infinite"无限循环
animation-direction	规定动画是否在下一周期反向播放，默认是"normal"，"alternate"逆播放
animation-fill-mode	规定动画结束后停留状态，默认 "backwards" 回到起始状态，forwards 停留结束状态
animation-play-state	规定动画是否正在运行或暂停。默认是"running"，"paused"暂停

调用动画的 CSS 示例代码如下：

```
div {
    width:200px;
    height:200px;
    background-color:aqua;
    margin:100px auto;
    /*调用动画*/
    animation-name:动画名称；
    /*执行一次动画时间*/
    animation-duration:执行一次动画时间；
}
```

（2）动画属性连写。

animation：name duration timing-function delay iteration-count direction fill-mode；即 animation：动画名称 持续时间 运动曲线 何时开始 播放次数 是否反向 动画起始或结束状态。调用动画示例如下：

animation: move 2s linear 1s infinite alternate;

动画连写

意思是调用 move 动画，2 秒完成，匀速运动，无限循环播放，逆向播放（第 1 次正向，第 2 次反向，第 3 次正向，第 4 次反向....）

· 简写属性里面不包含 animation-play-state。

· 暂停动画：animation-play-state：paused；经常与鼠标经过等其他配合使用。

· 要动画来回执行，而不是每次都从起始状态开始：animation-direction：alternate。

· 盒子动画结束后，停在结束位置：animation-fill-mode：forwards。

· 动画的运动曲线 animation-timing-function 默认是 ease，如表 10.1.4 所示。

表 10.1.4　动画的运动曲线 animation-timing-function 属性

值	描　　述
linear	动画从头到尾的速度是相同的。匀速
ease	默认。动画以低速开始，在结束前变慢
ease-in	动画以低速开始
ease-out	动画以低速结束
ease-in-out	动画以低速开始和结束
steps( )	指定了时间函数中的间隔数量（步长）值为正整数

注意：调用多个动画名称要用英文的逗号隔开。如：

animation：bear 1s steps（8）infinite，move 15s forwards；/*多动画调用，用逗号隔开*/

📡 任务实践

（1）创建站点文件夹，新建文件 1001.html。

（2）根据给定图片素材，新建一个 125*132 的盒子，如图 10.1.2 所示。

（3）给盒子添加背景，并添加动画，设置动画步长值为 10，相当于将图片分成十步，每次走一步。

效果见图 10.1.1，对应代码如表 10.1.5 所示。

图 10.1.2　动画图片素材

表 10.1.5　转呼啦圈机器人动画代码

序号	CSS 代码
01	`* {`
02	`    margin: 0;`
03	`    padding: 0;`
04	`}`
05	`div {`
06	`    margin: 50px 100px;`
07	`    width: 125px;`
08	`    height: 132px;`
09	`    background: url(imgs/1001.png) no-repeat;`
10	`    animation: scroll steps(10) 1s infinite;`
11	`    /*引入动画名称 步长值 完成时间 无限循环*/`
12	`}`
13	`@keyframes scroll {`
14	`    0% {`
15	`        background-position: 0 0;`
16	`    }`
17	`    100% {`
18	`        background-position: -1250px 0;`
19	`    }`
20	`}`

任务 2　奔跑的北极熊

📡 任务展示

奔跑的北极熊效果如图 10.2.1 所示。

图 10.2.1　奔跑的北极熊效果图

🚀 任务准备

转换（transform）可以实现元素的位移、旋转、缩放等效果。

平移是 2D 转换里面的一种功能，可以改变元素在页面中的位置，类似于相对定位。

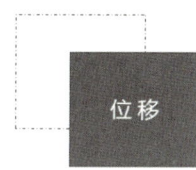

语法：

transform：translate(x, y)；

transform：translateX(n)；

transform：translateY(n)；

2D 转换-平移 1

① 定义 2D 转换中的移动，沿着 X 和 Y 轴移动元素。

② translate 最大的优点：移动后原位置保留，不会影响到其他
元素。

2D 转换-平移 2

③ translate 中的百分比单位是相对于自身元素的，如：translate：（50%，50%）。

④ 对行内标签没有效果。

transform: translateX(-50%)；代表向左移动自身元素宽度的一半。

用户可以运用动画+平移制作简单的轮播图自动播放效果，结构分析如图 10.2.2 所示，
实现代码如表 10.2.1 所示。

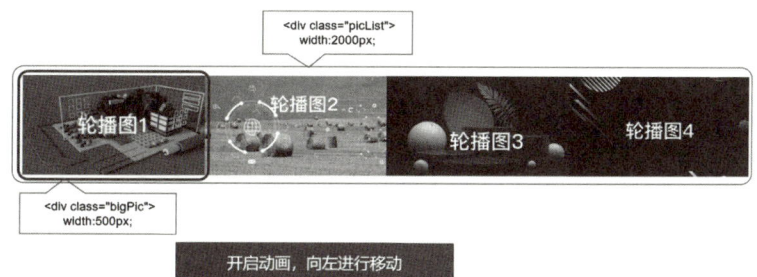

图 10.2.2　自动播放的轮播图结构分析

表 10.2.1　轮播图实现代码

HTML 结构部分
```<div class="bigPic">   <div class="picList">   <img src="./imgs/lbt1.jpg">   <img src="./imgs/lbt2.jpg">   <img src="./imgs/lbt3.jpg">   <img src="./imgs/lbt4.jpg">   </div>```

序号	CSS 代码	序号	CSS 代码
01	.bigPic {	14	animation-play-state: paused;
02	position: relative;	15	}
03	width: 500px;	16	.bigPic img {
04	margin: 100px auto;	17	width: 500px;
05	overflow: hidden;	18	display: block;
06	}	19	}
07	.bigPic .picList {	20	@keyframes move {
08	width: 400%;	21	0% {
09	display: flex;	22	transform: translateX(0);
10	animation: move 8s steps(4)	23	}
11	infinite;	24	100% {
12	}	25	transform: translateX(-2000px);
13	.bigPic:hover .picList {	26	}
		27	}

🚀 **任务实践**

（1）创建站点文件夹，新建文件 1002.html，将背景设置为黑色。

（2）创建一个类名为 shan 的高 600px 的盒子，定位距离顶部 300px。

（3）盒子内插入三张图片，注意山从近到远（近处的山矮，远处的山高），用定位完成。

（4）用位移+动画制作山从右往左移动，注意调用动画时，要考虑到远山移动速度较慢，近山移动相对较快，所以在设置动画完成时长时，远处的山移动时长应比近处的山完成时间更长。

（5）图 10.2.1 效果实现代码如表 10.2.2 所示。

表 10.2.2　奔跑的北极熊效果实现代码

序号	HTML 代码
01	\<div class="shan"\>
02	\<img src="imgs/shan3.png" class="shan_3"\>
03	\<img src="imgs/shan2.png" class="shan_2"\>
04	\<img src="imgs/shan.png" class="shan_1"\>
05	\<div class="bear"\>\</div\>
06	\</div\>

序号	CSS 代码	序号	CSS 代码
01	`body {`	33	`    height: 100px;`
02	`    background: #000;`	34	`background: url(imgs/bear.png) no-repeat;`
03	`    width: 100vw;`	35	`    position: absolute;`
04	`    overflow: hidden;`	36	`    top: 350px;`
05	`}`	37	`    animation: bear 1s steps(8) infinite,`
06	`.shan {`	38	`move 15s forwards;`
07	`    height: 600px;`	39	`/* 动画 1 动画小熊奔跑动作 无限循环,`
08	`    position: relative;`	40	`动画 2 小熊从左移动到中心, 停留在结束`
09	`    top: 300px;`	41	`状态 */`
10	`}`	42	`    /*多动画调用, 用逗号隔开*/`
11	`@keyframes shan {`	43	`}`
12	`    0% {`	44	`@keyframes bear {`
13	`        transform: translateX(0);`	45	`    /*小熊奔跑动作动画*/`
14	`    }`	46	`    0% {`
15	`    100% {`	47	`        background-position: 0 0;`
16	`        transform: translateX(-2000px);`	48	`    }`
17	`    }`	49	`    100% {`
18	`}`	50	`        background-position: -1600px 0;`
19	`img {`	51	`    }`
20	`    animation: shan 15s linear infinite;`	52	`}`
21	`    position: absolute;`	53	`@keyframes move {`
22	`    bottom: 300px;`	54	`    /*小熊位移动画*/`
23	`}`	55	`    0% {`
24	`.shan_3 {`	56	`        left: 0;`
25	`    animation: shan 40s linear infinite;`	57	`    }`
26	`}`	58	`    100% {`
27	`.shan_2 {`	59	`    left: 50%;`
28	`    animation: shan 20s linear infinite;`	60	`    transform: translateX(-50%);`
29	`}`	61	`    }`
30	`/* 小熊盒子 */`	62	`}`
31	`.bear {`	63	
32	`    width: 200px;`		

任务 3　加载动画 loading 图制作

✈ **任务展示**

loading 效果如图 10.3.1 所示。

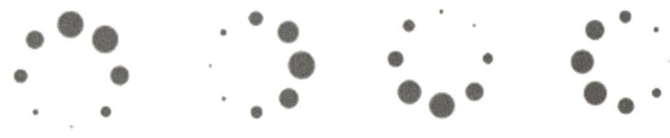

图 10.3.1　loading 效果

✈ **任务准备**

10.3.1　2D 转换——缩放（scale）

scale：即放大和缩小，该属性可用于设置元素的放大和缩小。

2D 转换-缩放

语法：

transform：scale（x，y）；

其中参数 x、y 用逗号隔开。

示例如下：

transform：scale（1，1）；宽高是原来的 1 倍，无变化；

transform：scale（2，2）；宽高是原来的 2 倍；

transform：scale（2）；只有一个参数时，宽高同时放大 2 倍；

transform：scale（0.5，0.5）；宽高缩小一半；

当参数为负值时，会进行翻转后再缩放，如：

transform：scaleX（-1）；沿着 X 轴翻转后缩放。

transform：scaleY（-1）；沿着 Y 轴翻转后缩放。

transform：scale（-1）；沿着对角线翻转后缩放

scale：默认为中心点缩放，不影响其他的盒子位置。

如图 10.3.2 所示的烟花效果，从开始没有到绽放再到消失的效果就可以用缩放来实现。

图 10.3.2　烟花效果

HTML 结构部分先准备 2 张图片，并按如下设置：

```
<img src="imgs/fireworks.png" class="fireworks">
<img src="imgs/firecracker.png" width="8px" class="firecracker">
```

CSS 部分如表 10.3.1 所示。

表 10.3.1　烟花效果 CSS 代码

序号	CSS 代码	序号	CSS 代码
01	* {	31	80% {　　/*1：1 完全出现*/
02	margin: 0;	32	transform: scale(1);
03	padding: 0;	33	}
04	}	34	100% {　　/*隐藏（消失效果）*/
05	html {	35	opacity: 0;
06	width: 100%;	36	}
07	height: 100%;	37	}
08	}	38	.firecracker {
09	body {	39	/*引爆器*/
10	width: 100%;	40	position: absolute;
11	height: 100%;	41	left: 50%;
12	background-color: black;	42	transform: translateX(-50%);
13	}	43	/*平移走自己宽度的一半等同于 margin-
14	.fireworks {	44	left: -4px;*/
15	position: absolute;	45	bottom: 0%;
16	left: 50%;	46	animation: firecracker 3s forwards;
17	margin-left: -250px;	47	/*引入动画名称 运行时间 停留在结束状态*/
18	bottom: 60%;	48	}
19	margin-bottom: -180px;	49	@keyframes firecracker {
20	/*调整降低烟花高度*/	50	/*引爆器动画设置*/
21	transform: scale(0);	51	0% {
22	/*隐藏烟花*/	52	transform: scale(1);
23	animation: fireworks 5s 3s;	53	bottom: 0%;
24	/*延时 3S 是前面引爆器的动画时长*/	54	}
25	}	55	100% {
26	@keyframes fireworks {	56	bottom: 60%;
27	/*烟花效果动画*/	57	transform: scale(0);
28	0% {　　/*隐藏*/	58	}
29	transform: scale(0);		}
30	}		

10.3.2 2D 转换——旋转（rotate）

2D 旋转是指让元素在二维平面顺时针旋转或者逆时针旋转。

2D 转换-旋转

语法：

transform：rotate（度数）；

· rotate 里面度数单位为 deg，如：rotate（45deg）。

· 度数为正时，顺时针；为负时则为逆时针。

· 默认旋转中心点是元素中心点。

案例：旋转尖角，其实现如表 10.3.2 所示。

表 10.3.2 旋转尖角

HTML 部分	CSS 部分

div {
　　position：relative；
　　width：300px；
　　height：35px；
　　border：1px solid #666；
}
	div：：after {
	　content：""；
	　position：absolute；
	　　right：20px；
	　　top：10px；
	　　width：10px；
	　　height：10px；
	　　border-right：1px solid #000；
	　　border-bottom：1px solid #000；
	　　transform：rotate（45deg）；
	}

显示效果	
⌄	

📨 **任务实践**

（1）创建站点文件夹，新建文件 1003.html。

（2）两个 div 兄弟为 50*50 的盒子，里面分别装有 4 个 15*15 的 P 盒子。

（3）P 盒子背景颜色为蓝色，定义动画先隐藏-显示-隐藏（缩放效果制作），依次设置每一个相邻的 P 标签延时动画时间。

（4）将第二个 div 盒子旋转 45°。

（5）效果见图 10.3.1，代码实现如表 10.3.3 所示。

loading 案例（上）

loading 案例（下）

表 10.3.3　加载效果图实现部分代码

序号	HTML 代码	序号	HTML 代码
01	<div class="box">	07	<div class="box">
02	<p></p>	08	<p></p>
03	<p></p>	09	<p></p>
04	<p></p>	10	<p></p>
05	<p></p>	11	<p></p>
06	</div>	12	</div>

序号	CSS 代码	序号	CSS 代码
01	* {	42	}
02	padding: 0;	43	100% {
03	margin: 0;	44	transform: scale(0);
04	}	45	}
05	.box {	46	}
06	width: 50px;	47	/*等待时间长出现停顿现象，解决方法把
07	height: 50px;	48	延时改为负值，在之前执行，旋转也从顺
08	margin: 100px 300px;	49	时针改为了逆时针*/
09	position: absolute;	50	.box:nth-of-type(1) p:nth-of-type(1) {　/*
10	}	51	第一个盒子的第一个 P 延时 0.1 秒*/
11	.box p {	52	animation-delay: -0.1s;
12	width: 15px;	53	}
13	height: 15px;	54	.box:nth-of-type(2) p:nth-of-type(1) {　/*
14	border-radius: 50%;	55	第二个盒子的第一个 P 延时 0.3 秒*/
15	background-color: deepskyblue;	56	animation-delay: -0.3s;
16	position: absolute;	57	}
17	animation: shan 1.5s infinite linear;	58	.box:nth-of-type(1) p:nth-of-type(2) {　/*
18	}	59	第一个盒子的第二个 P 延时 0.5 秒*/
19	.box p:nth-child(2) {	60	animation-delay: -0.5s;
20	right: 0;	61	}
21	top: 0;	62	.box:nth-of-type(2) p:nth-of-type(2) {　/*
22	}	63	第二个盒子的第二个 P 延时 0.7 秒*/
23	.box p:nth-child(3) {	64	animation-delay: -0.7s;
24	right: 0;	65	}
25	bottom: 0;	66	.box:nth-of-type(1) p:nth-of-type(3) { /*第
26	}	67	一个盒子的第三个 P 延时 0.9 秒*/
27	.box p:nth-child(4) {	68	animation-delay: -0.9s;
28	left: 0;	69	}
29	bottom: 0;	70	.box:nth-of-type(2) p:nth-of-type(3) { /*第

续表

序号	CSS 代码	序号	CSS 代码
30	}	71	二个盒子的第三个 P 延时 1.1 秒*/
31	.box:nth-child(2) {	72	animation-delay: -1.1s;
32	transform: rotate(45deg);　　/*第 2 个盒子	73	}
33	旋转 45 度，让小圆变成一圈 8 个*/	74	.box:nth-of-type(1) p:nth-of-type(4) {　/*
34	}	75	第一个盒子的第四个 P 延时 1.3 秒*/
35	@keyframes shan {	76	animation-delay: -1.3s;
36	0% {	77	}
37	transform: scale(0);	78	.box:nth-of-type(2) p:nth-of-type(4) { /*第
38	}	79	二个盒子的第四个 P 延时 1.5 秒*/
39	50% {	80	animation-delay: -1.5s;
40	transform: scale(1);	81	}
41			

任务 4　垃圾分类推广动画

🔗 **任务展示**

垃圾分类动画效果如图 10.4.1 所示。

图 10.4.1　垃圾分类推广动画效果

🔗 **任务准备**

10.4.1　设置转换中心点属性

元素旋转时，默认中心点的位置是元素的中心，也可以通过 transform-origin 属性改变中心点的位置，其语法：

transform-origin：x y;

·参数 x y 用空格隔开。

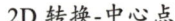

2D 转换-中心点　　　　2D 转换-中心点案例

· x y 默认中心点是元素的中心（50%　50%）。

· x y 可以用百分比、像素或者方位名词（top、bottom、left、right、center）。

· 若只写一个值，另一个默认为 center，居中。

示意如图 10.4.2 所示。

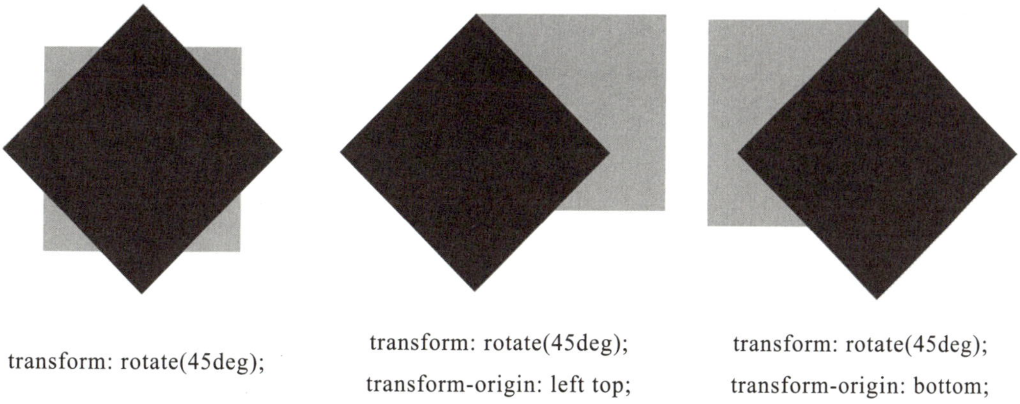

transform: rotate(45deg);

transform: rotate(45deg);
transform-origin: left top;

transform: rotate(45deg);
transform-origin: bottom;

图 10.4.2　transform-origin 改变中心点位置

10.4.2　2D 转换——倾斜（skew）

skew( ) 定义了一个元素在二维平面上的倾斜转换，示意如图 10.4.3 所示。

图 10.4.3　2D 转换—倾斜

2D 转换-倾斜

语法：

transform：skew（X，Y）;

· 参数中的 x，y 分别代表 x 轴和 y 轴倾斜的角度（单位 deg）。

· 值可以为正，也可以为负。

· 如果只写一个参数，则另一个默认为 0。

· 也可以分开书写，沿着 X 轴或 Y 轴进行倾斜。

沿 X、Y 轴倾斜正负角度案例如图 10.4.4 所示。

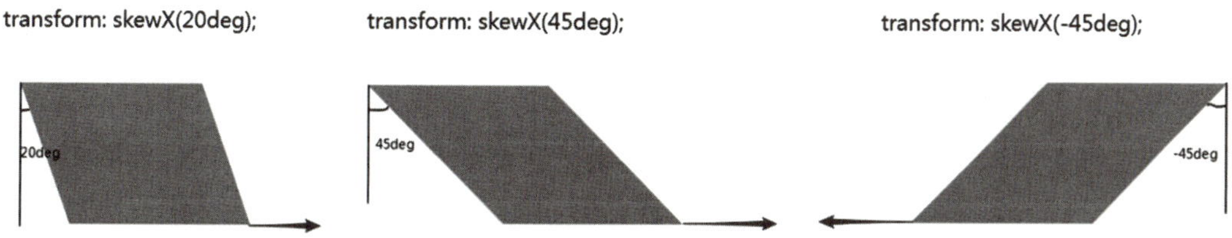

transform: skewX(20deg);

transform: skewX(45deg);

transform: skewX(-45deg);

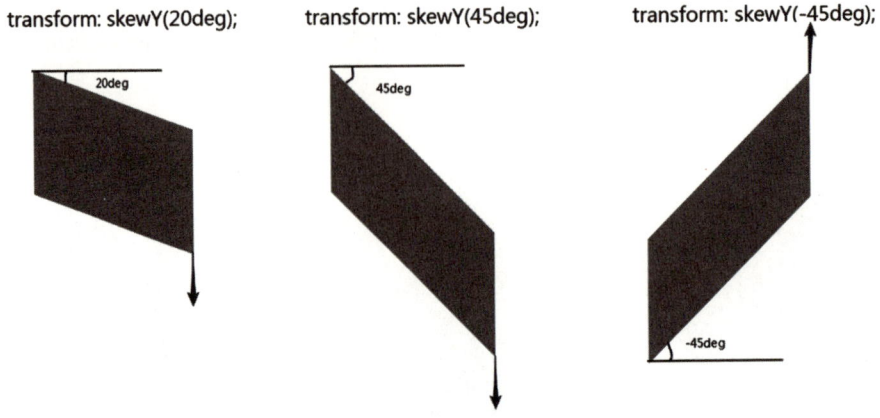

transform: skewY(20deg);　　transform: skewY(45deg);　　transform: skewY(-45deg);

图 10.4.4　沿 X、Y 轴倾斜正负角度案例

10.4.3　2D 转换综合写法

用户可以同时使用多个转换，格式为：transform：translate（ ）rotate（ ）scale（ ）...等。

·书写顺序会影响转换的效果，因为先旋转会改变坐标轴方向。

·当同时有位移和其他属性时，要将位移属性放到最前面。

2D 转换的连写和小结

10.4.4　2D 转换小结

（1）转换 transform 可以理解为转换，有 2D 和 3D 之分。

（2）2D 移动 translate（x，y）移动后保留原位置，不会影响其他盒子的布局。参数用%，是相对于自身宽度和高度来计算的。

（3）也可以分开设 transform： translateX（x）；transform：translateY（y）。

（4）2D 旋转 rotate（度数）可以实现旋转元素，单位是 deg。

（5）2D 缩放 scale（x，y）里面参数是数字，不带单位，可以是小数，不会影响其他盒子的布局。

（6）设置旋转中心点"transform-origin：x y；"，参数可以是百分比、像素和方位名词。

（7）综合连写时，同时有位移和其他属性时，位移要写在最前面。

🔹**任务实践**

（1）创建站点文件夹，放入素材，新建文件 1004.html，将背景设为绿色。

（2）当人物点击 A 不可回收时，走近红色垃圾桶（下方）时，显示错误标志。

（3）当人物点击 B 可回收时，走近蓝色垃圾桶（上方）时，桶盖旋转打开，并显示正确标志。

（4）注意人物移动时，近大远小（远处人物会变小）。

垃圾分类推广动画效果见图 10.4.1，其思维脑图分析如图 10.4.5 所示，其参考代码表 10.4.1 所示。

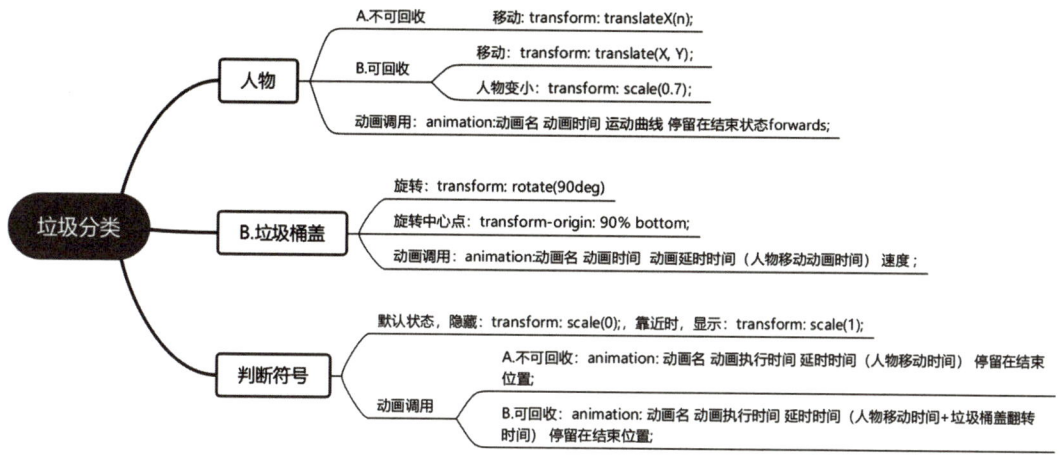

图 10.4.5 案例思维脑图分析

表 10.4.1 垃圾分类推广动画参考代码

序号	HTML 代码
01	`<div class="big">`
02	`<div class="woman"></div>`
03	`<div class="rubbish">`
04	`<div class="gaib"></div>`
05	`<div class="boxb"></div>`
06	`<div class="right"></div>`
07	`</div>`
08	`<div class="rubbish">`
09	`<!-- <div class="gaia"></div> -->`
10	`<div class="boxa"></div>`
11	`<div class="wrong"></div>`
12	`</div>`
13	`<button>A. 不可回收</button> `
14	`<button>B. 可回收</button>`
15	`</div>`

序号	CSS 代码	序号	CSS 代码
01	`* {`	80	`transform: translate(0, 0) scale(1);`
02	`padding: 0;`	81	`}`
03	`margin: 0;`	82	`33% {`
04	`box-sizing: border-box;`	83	`transform: translate(220px, -`
05	`}`	84	`250px) scale(0.9);`

续表

序号	CSS 代码	序号	CSS 代码
06	.big {	85	}
07	position: relative;	86	66% {
08	width: 900px;	87	transform: translate(320px, -
09	height: 900px;	88	350px) scale(0.8);
10	background-color: rgb(199, 240, 145);	89	}
11	margin: 10px auto;	90	100% {
12	}	91	transform: translate(420px, -
13	/* 可回收垃圾箱 */	92	450px) scale(0.7);
14	.boxb {	93	}
15	position: absolute;	94	}
16	top: 200px;	95	/* 定义 A 选项桶盖打开 */
17	right: 50px;	96	@keyframes open {
18	width: 218px;	97	0% {
19	height: 273px;	98	transform: rotateZ(0deg);
20	background: url(imgs/boxb.png)no-	99	}
21	repeat;	100	100% {
22	}	101	transform: rotateZ(90deg);
23	/* 可回收垃圾箱盖 */	102	}
24	.gaib {	103	}
25	position: absolute;	104	button {
26	top: 168px;	105	border: 0;
27	right: 47px;	106	border-radius: 20px;
28	width: 208px;	107	width: 260px;
29	height: 42px;	108	height: 70px;
30	background: url(imgs/gaib.png)no-	109	background-color: #ef7329;
31	repeat;	110	color: #fff;
32	transition: all 0.5s;	111	font-size: 40px;
33	transform-origin: 95% bottom;	112	margin: 20px;
34	}	113	}
35	/* 可回收垃圾盖打开 */	114	button:nth-of-type(2) {
36	.gaiopen {	115	background-color: blue;
37	animation: open 1s 1.8s forwards;	116	}
38	}	117	.right {
39	/* 其他垃圾箱 */	118	position: absolute;
40	.boxa {	119	right: 30px;
41	position: absolute;	120	top: 65px;
42	bottom: 0;	121	width: 195px;

续表

序号	CSS 代码	序号	CSS 代码
43	right: 50px;	122	height: 167px;
44	width: 234px;	123	background: url(imgs/right.png)no-
45	height: 312px;	124	repeat;
46	background: url(imgs/boxa.png)no-	125	background-size: 80% 80%;
47	repeat;	126	transform: scale(0);
48	}	127	}
49	/* 人物 */	128	.wrong {
50	.woman {	129	position: absolute;
51	position: absolute;	130	right: 30px;
52	left: 0;	131	bottom: 200px;
53	bottom: 0;	132	width: 195px;
54	width: 340px;	133	height: 167px;
55	height: 477px;	134	background: url(imgs/wrong.png)no-
56	background: url(imgs/woman.png)no-	135	repeat;
57	repeat;	136	background-size: 80% 80%;
58	}	137	transform: scale(0);
59	/* 人物选择 A 选项 */	138	}
60	.womana {	139	/* 显示判断选项动画 */
61	animation: movea 2s linear forwards;	140	.show {
62	}	141	animation: show 1s 2s linear forwards;
63	/* 人物选择 B 选项 */	142	}
64	.womanb {	143	@keyframes show {
65	animation: moveb 2s linear forwards;	144	0% {
66	}	145	transform: scale(0);
67	/* 定义 A 选项移动动画 */	146	}
68	@keyframes movea {	147	35% {
69	0% {	148	transform: scale(0.4);
70	transform: translate(0, 0);	149	}
71	}	150	70% {
72	100% {	151	transform: scale(0.7);
73	transform: translate(380px, 0);	152	}
74	}	153	100% {
75	}	154	transform: scale(1);
76	/* 定义 B 选项移动动画 */	155	}
77	@keyframes moveb {	156	}
78	0% {	157	
79		158	

该案例设置的选项按钮是点击后执行,因此添加了 JS 代码,参考代码如表 10.4.2 所示。

表 10.4.2　垃圾分类推广案例 JS 代码

序号	Javascript 代码
01	`<script>`
02	`    var btn = document.querySelectorAll('button');`
03	`    var woman = document.querySelector('.woman');`
04	`    var boxb = document.querySelector('.boxb');`
05	`    var gaib = document.querySelector('.gaib');`
06	`    var right = document.querySelector('.right ');`
07	`    var wrong = document.querySelector('.wrong');`
08	`    btn[0].onclick = function() {`
09	`        right.className = 'right ';`
10	`        gaib.className = 'gaib';`
11	`        woman.className = 'woman womana';`
12	`        wrong.className = 'wrong show';`
13	`    }`
14	`    btn[1].onclick = function() {`
15	`        wrong.className = 'wrong';`
16	`        woman.className = 'woman womanb';`
17	`        gaib.className = 'gaiopen gaib';`
18	`        right.className = 'right show';`
19	`    }`
20	`</script>`

任务 5　旋转的立方体

🔹任务展示

旋转的立方体效果如图 10.5.1 所示。

图 10.5.1　旋转的立方体效果

🔹任务准备

10.5.1　三维坐标系（3D）

三维坐标就是指立体控件。立体控件是由 3 个轴共同组成的。

X 轴：水平向右，x 右边为正值，左边为负值；

Y 轴：垂直向下，y 向下为正值，向上为负值；

Z 轴：垂直屏幕，z 往外为正值，往里为负值。

3D 的特点：近大远小；被遮挡视为不可见。

10.5.2　perspective（透视）

在 2D 屏幕产生近大远小的视觉差，没有立体感。透视说明如下：

① 想要网页产生 3D 的效果就需要添加透视效果。

② 模拟人的眼睛视觉感官去看。

③ 透视又称为视距，即人眼睛到屏幕的距离。

认识 3D

透视属性

透视代码演示

④ 视距距离计算机屏幕越近成像越大，反之越小。

⑤ 透视的单位是像素 px。

提示

当为元素定义 perspective 属性时，其子元素会获得透视效果，而不是元素本身，所以 perspective 属性要写在被观察元素的父元素上，如图 10.5.2 所示。

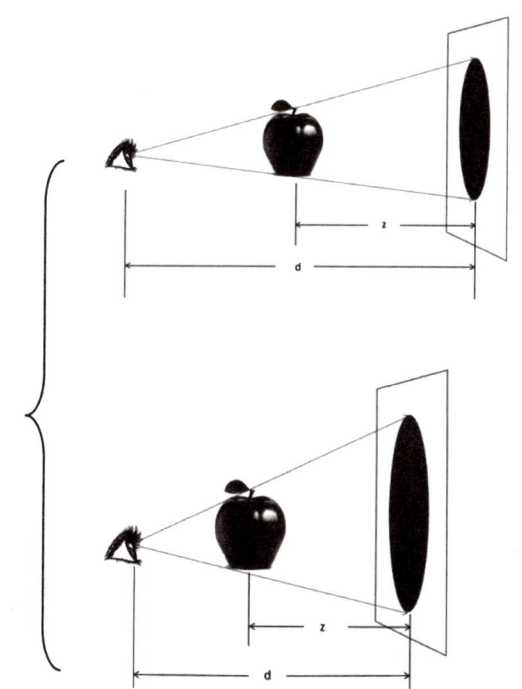

视距（perspective）d 越小越近看物体就越大，反正视距越大看物体就越小。

z轴为正数字越大看到的物体就越大，数字为负看到的物体越小。

图 10.5.2　视距观察

perspective 属性只影响 3D 转换元素。

d：就是视距，视距就是眼睛到屏幕的距离，视距越小越近看物体就越大，反之越小。

z：就是 Z 轴，物体距离屏幕的距离，z 轴越大看到的物体就越大，反之越小。

<div class="fa">

<div class="son"></div>

</div>

给父元素.fa 添加 perspective：500px；3D 元素的透视效果。先改变视距值（即 500px）进行观察；再给.son 添加 transform：translateZ（200px）；让盒子在 Z 轴上移动（改变 200px 值的大小），可以看到 translateZ 引起的变化。

10.5.3　translate3d（3D 移动）

3D 移动是在 2D 移动的基础上增加了一个坐标轴，即 Z 轴方向。

· transform：translateX（100px）：仅仅是在 X 轴上移动。

· transform：translateY（100px）：仅仅是在 Y 轴上移动。

· transform：translateZ（100px）：仅仅是在 Z 轴上移动。

· transform：translate3d（100px）：其中 x、y、z 分别是移动轴方向的距离，单位一般为 px。

Z 轴方向是眼睛垂直于屏幕，由屏幕指向眼睛的方向为正方向。

3D 转换-移动

10.5.4　rotate3d（3D 旋转）

3D 旋转可以让元素在三维平面内沿着 x 轴、y 轴、z 轴或者自定义轴进行旋转，如图 10.5.3 所示。

语法：

transform：rotateX（30deg）：沿着 x 轴正方向旋转 30 度。

transform：rotateY（30deg）：沿着 y 轴正方向旋转 30 度。

3D 旋转

transform：rotateZ（30deg）：沿着 z 轴正方向旋转 30 度。

transform：rotate3d（x，y，z，deg）：沿着自定义轴旋转 deg 度。

transform：rotateX（20deg）rotateY（30deg）rotateZ（40deg）。

rotateX　　　　　　　　rotateY　　　　　　　　rotateZ

图 10.5.3　　rotate3d

3D 旋转正方向的判断方法：左手法则，如图 10.5.4 所示。

左手的拇指指向 X 轴的正方向；

其余弯曲的四指就是该元素旋转的方向。

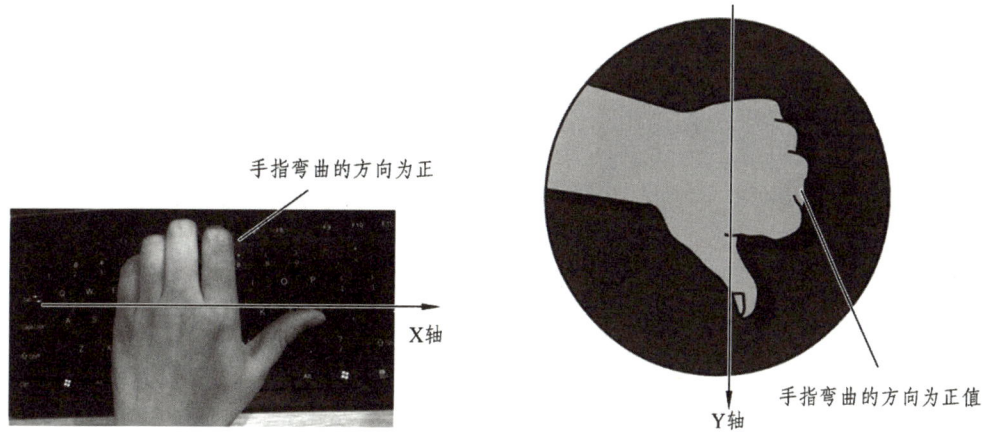

图 10.5.4　　左手法则

transform：rotate3d（x，y，z，deg）：沿着自定义轴旋转。

其中，x、y、z 是元素绕着哪个轴线进行旋转，取值范围为-1～1 的任意值，不同的取值表示不同的轴线。deg 则表示旋转的角度，单位为角度。

· transform：rotate3d（1，0，0，45deg）：沿着 X 轴旋转 45deg。

· transform：rotate3d（1，1，0，45deg）：沿着对角线旋转 45deg。

10.4.5　transform-style：preserve-3d（3D 呈现）

3D 呈现控制子元素是否开启 3D 立体环境，效果如图 10.5.5 所示。

· transform-style：flat（默认）：不开启 3d 立体空间。

· transform-style：preserve-3d：开启子元素立体空间。

3D 呈现

该属性写在父级元素上，控制的是子级元素。

序号	CSS 代码
01	body {
02	perspective: 1000px;
03	transform-style: preserve-3d;
04	}
05	div {
06	position: absolute;
07	width: 160px;
08	height: 200px;
09	background-color: blue;
10	}
11	div:nth-of-type(2) {
12	height: 300px;
13	background-color: #ccc;
14	transform: rotateX(70deg) rotateY(0deg) rotateZ(30deg);
15	}

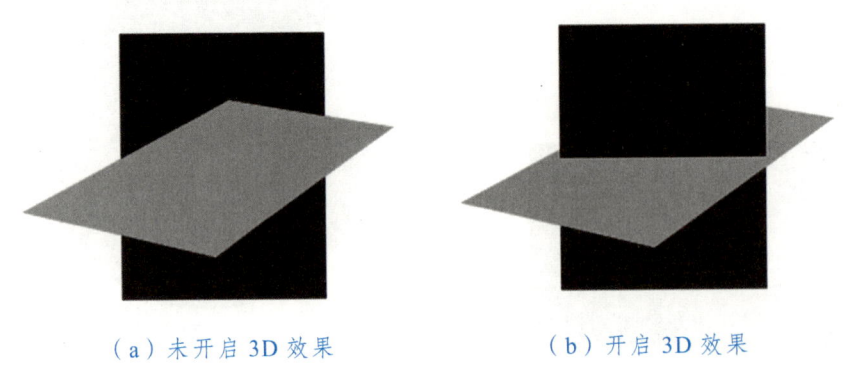

（a）未开启 3D 效果   （b）开启 3D 效果

图 10.5.5　未开启 3D 效果和开启 3D 效果比较

🚀 **任务实践**

（1）创建站点文件夹，新建文件 1005.html。

（2）设置一个 240*240 的大盒子，设置透视效果 800px。

（3）结构用无序列表，即 6 个 li200*200 为正方体的六个面，对其设置不同背景色。

（4）用绝对定位把六个面重合在一起。

（5）li 的父元素 ul 大小为 200*200，并对其添加 transform-style：preserve-3d；设置子元素显示 3D 效果。

（6）用动画+旋转制作拼合立方体效果，如：第一个面，先将中心点的位置设为左侧，然后沿着 X 轴向左平移，再沿着 Y 轴负方向旋转 90 度；第二个面先将中心点的位置设为右侧，然后沿着 X 轴向右平移，再沿着 Y 轴负方向旋转 90 度；第三个面先将中心点的位置设为上方，然后沿着 Y 轴向下平移，再沿着 X 轴旋转……

（7）拼好后的立方体自动沿 Y 轴旋转，当鼠标移入时，停止旋转，见图 10.5.1，参考代码如表 10.5.1 所示。

表 10.5.1　旋转的立方体参考代码

序号	HTML 代码
01	\<section>
02	\<ul>
03	\<li>1\</li>
04	\<li>2\</li>
05	\<li>3\</li>
06	\<li>4\</li>
07	\<li>5\</li>
08	\<li>6\</li>
09	\</ul>
10	\</section>

序号	CSS 代码	序号	CSS 代码
01	section {	69	transform-origin: right;
02	height: 240px;	70	/*中心点的位置为右侧*/
03	width: 240px;	71	transform: rotateY(0);
04	margin: 250px auto;	72	animation: li2 10s 10s forwards;
05	perspective: 800px;	73	}
06	/*3D 元素的透视效果*/	74	@keyframes li2 {
07	}	75	0% {}
08	section:hover ul {	76	50% {
09	animation-play-state: paused;	77	left: -200px;
10	/*鼠标移入，停止动画*/	78	transform: rotateY(0);
11	}	79	}
12	@keyframes move {	80	100% {
13	0% {	81	left: -200px;
14	transform: rotateY(0deg);	82	transform: rotateY(90deg);
15	}	83	/*延 Y 轴逆时针旋转 90 度，左手法
16	100% {	84	则*/
17	transform: rotateY(360deg);	85	}
18	}	86	}
19	}	87	li:nth-child(3) {
20	ul {	88	background-color: yellow;

续表

序号	CSS 代码	序号	CSS 代码
21	width: 200px;	89	transform-origin: top;
22	height: 200px;	90	/*中心点的位置为上*/
23	position: relative;	91	transform: rotatex(0);
24	transform-style: preserve-3d;	92	animation: li3 10s 20s forwards;
25	/*设置后子元素显示 3D 效果*/	93	}
26	list-style: none;	94	
27	margin: 20px;	95	@keyframes li3 {
28	padding: 0;	96	0% {}
29	transform-origin: center center 100px;	97	50% {
30	/*改变立方体的中心点*/	98	top: 200px;
31	animation: move 5s 50s infinite linear;	99	transform: rotatex(0);
32	}	100	}
33	li {	101	100% {
34	position: absolute;	102	top: 200px;
35	/*绝对定位把六个面合在一起*/	103	transform: rotatex(90deg);
36	left: 0;	104	}
37	top: 0;	105	}
38	width: 200px;	106	li:nth-child(4) {
39	height: 200px;	107	background-color: greenyellow;
40	background-color: orangered;	108	transform-origin: bottom;
41	opacity: 0.5;	109	transform: rotatex(0);
42	font-size: 50px;	110	animation: li4 10s 30s forwards;
43	color: #fff;	111	}
44	line-height: 200px;	112	@keyframes li4 {
45	text-align: center;	113	0% {}
46	}	114	50% {
47	li:nth-child(1) {	115	top: -200px;
48	transform-origin: left;	116	transform: rotatex(0);
49	/*中心点的位置为左侧*/	117	}
50	transform: rotateY(0);	118	100% {
51	animation: li1 10s forwards;	119	top: -200px;
52	}	120	transform: rotatex(-90deg);
53	@keyframes li1 {	121	}
54	0% {}	122	}
55	50% {	123	li:nth-child(5) {
56	left: 200px;	124	background-color: mediumturquoise;

续表

序号	CSS 代码	序号	CSS 代码
57	transform: rotateY(0);	125	animation: li5 10s 40s forwards;
58	}	126	}
59	100% {	127	@keyframes li5 {
60	left: 200px;	128	0% {}
61	transform: rotateY(-90deg);	129	100% {
62	/*延 Y 轴顺时针旋转 90 度，左手法	130	transform: translateZ(200px);
63	则*/	131	/*正值向眼前移动近，负值离眼前方向
64	}	132	远*/
65	}	133	}
66	li:nth-child(2) {	134	}
67	background-color: orange;	135	li:nth-child(6) {
68		136	background-color: plum;
			}

探索训练

任务 1　实现轮播图自动播放效果

要求：

（1）图片自动播放实现无缝滚动。

（2）当鼠标经过时，停止播放，同时出现控制按钮，鼠标离开继续自动播放。

（3）点击控制按钮，当前按钮显示特效，并进行对应图片切换。

推荐使用：弹性盒布局、溢出隐藏、动画、变形技术平移、表单单选按钮和 label 标签等实现如图 10.1 所示案例效果，参考代码如表 10.1 所示。

图 10.1　轮播图效果

表 10.1　轮播图参考代码

序号	HTML 代码
01	<div class="carousel_map">
02	<div class="slide">
03	<!--小圆点-->
04	<input type="radio" name="pic" id="pic1" checked/>

续表

序号	HTML 代码
05	`<input type="radio" name="pic" id="pic2" />`
06	`<input type="radio" name="pic" id="pic3" />`
07	`<input type="radio" name="pic" id="pic4" />`
08	`<div class="labels">`
09	`<label for="pic1"></label>`
10	`<label for="pic2"></label>`
11	`<label for="pic3"></label>`
12	`<label for="pic4"></label>`
13	`</div>`
14	`<!--需要轮播的图片-->`
15	`<ul class="list">`
16	`<img src="./imgs/lbt1.jpg" />`
17	`<img src="./imgs/lbt2.jpg" />`
18	`<img src="./imgs/lbt3.jpg" />`
19	`<img src="./imgs/lbt4.jpg" />`
20	`</ul>`
21	`</div>`
22	`</div>`

序号	CSS 代码	序号	CSS 代码
01	`* {`	54	`input[id=pic4]:checked~.labels`
02	`margin: 0;`	55	`label[for=pic4] {`
03	`padding: 0;`	56	`background-color: #fff;`
04	`box-sizing: border-box;`	57	`border: 2px solid #fff;`
05	`}`	58	`}`
06	`.carousel_map {`	59	`/* 按钮控件选择图片 */`
07	`width: 700px;`	60	`input[id=pic1]:checked~.list {`
08	`height: 400px;`	61	`transform: translate(calc(0 * 700px));`
09	`}`	62	`}`
10	`.slide {`	63	`input[id=pic2]:checked~.list {`
11	`width: 100%;`	64	`transform: translate(calc(-1 * 700px));`
12	`height: 100%;`	65	`}`
13	`overflow: hidden;`	66	`input[id=pic3]:checked~.list {`
14	`position: relative;`	67	`transform: translate(calc(-2 * 700px));`
15	`}`	68	`}`
16	`/* 鼠标放上去显示按钮 */`	69	`input[id=pic4]:checked~.list {`

续表

序号	CSS 代码	序号	CSS 代码
17	.slide:hover .labels {	70	
18	display: flex;	71	transform: translate(calc(-3 * 700px));
19	}	72	}
20	.slide:hover .list {	73	ul {
21	/* 停止引入动画 */	74	list-style: none;
22	animation: none;	75	}
23	}	76	.list {
24	.slide input {	77	display: flex;
25	display: none;	78	width: 400%;
26	}	79	height: 100%;
27	/* 按钮位置 */	80	position: relative;
28	.labels {	81	/* 设置动画效果 */
29	position: absolute;	82	animation: move 8s steps(4) infinite;
30	bottom: 30px;	83	}
31	z-index: 1;	84	.list img {
32	width: 100%;	85	width: 700px;
33	justify-content: center;	86	height: 100%;
34	gap: 10px;	87	display: block;
35	display: none;	88	}
36	/* 鼠标移开隐藏按钮 */	89	/* 动画关键帧轮播 */
37	}	90	@keyframes move {
38	/* 按钮样式 */	91	0% {
39	.labels label {	92	transform: translate(calc(0 *
40	width: 15px;	93	700px));
41	height: 15px;	94	}
42	border-radius: 50%;	95	100% {
43	border: 2px solid #fff;	96	transform: translate(calc(-4 *
44	background-color: transparent;	97	700px));
45	cursor: pointer;	98	}
46	}	99	}
47	/* 选择哪个按钮就有被点击的效果 */	100	.item {
48	input[id=pic1]:checked~.labels	101	width: 700px;
49	label[for=pic1],	102	height: 400px;
50	input[id=pic2]:checked~.labels	103	}
51	label[for=pic2],	104	
52	input[id=pic3]:checked~.labels	105	
53	label[for=pic3],	106	
		107	

任务 2　制作地球公转自转效果

要求：运用动画、3D 变形技术及所学知识制作地球围着太阳转的同时自身也不停旋转的星体效果，如图 10.2 所示，参考代码如表 10.2 所示。

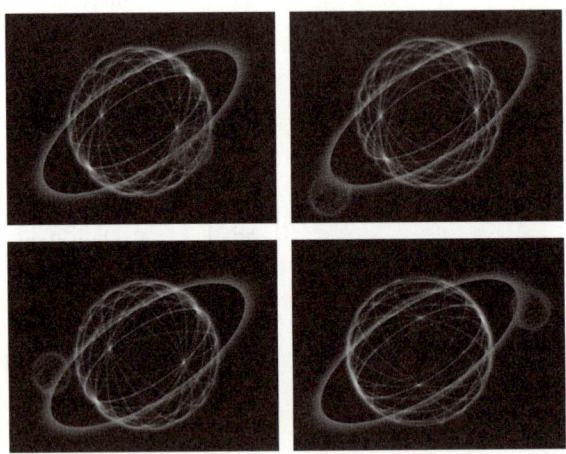

图 10.2　星体图效果

表 10.2　星体图参考代码

序号	HTML 代码	序号	HTML 代码
01	`<div class="box fixed_center">`	16	`<li class="li14"></li>`
02	`<!-- 父级有定位 li380*380-->`	17	`<li class="li15"></li>`
03	`<ul class="ball fixed_center">`	18	`<li class="li16"></li>`
04	`<li class="li1"></li>`	19	`<li class="li17"></li>`
05	`<li class="li2"></li>`	20	`<li class="li18"></li>`
06	`<li class="li3"></li>`	21	`<li class="li19"></li>`
07	`<li class="li4"></li>`	22	`</ul>`
08	`<li class="li5"></li>`	23	`<!-- 第二个球体 父级 ul 没有定位 以祖先`
09	`<li class="li6"></li>`	24	级定位元素为参考 li 600*600 -->
10	`<li class="li7"></li>`	25	`<ul class="ball ball2">`
11	`<li class="li8"></li>`	26	`...`
12	`<li class="li9"></li>`	27	`<!--重复代码 04-21 行-->`
13	`<li class="li11"></li>`	28	`</ul>`
14	`<li class="li12"></li>`	29	`</div>`
15	`<li class="li13"></li>`		

序号	CSS 代码	序号	CSS 代码
01	`* {`	73	`transform: rotateX(80deg);`
02	`margin: 0;`	74	`}`
03	`padding: 0;`	75	`.ball .li7 {`
04	`}`	76	`transform: rotateX(140deg);`
05	`body {`	77	`}`
06	`background:#000;`	78	`.ball .li8 {`

续表

序号	CSS 代码	序号	CSS 代码
07	}	79	transform: rotateX(160deg);
08	ul,	80	}
09	li {	81	.ball .li9 {
10	list-style: none;	82	transform: rotateX(180deg);
11	}	83	}
12	.fixed_center {	84	.ball .li11 {
13	position: fixed;	85	transform: rotateY(20deg);
14	left: 0;	86	}
15	right: 0;	87	.ball .li12 {
16	top: 0;	88	transform: rotateY(40deg);
17	bottom: 0;	89	}
18	margin: auto;	90	.ball .li13 {
19	}	91	transform: rotateY(60deg);
20	/* 光晕 */	92	}
21	.box {	93	.ball .li14 {
22	width: 600px;	94	transform: rotateY(80deg);
23	height: 600px;	95	}
24	border-radius: 50%;	96	.ball .li15 {
25	box-shadow: 0 0 51px 22px rgb(241,	97	transform: rotateY(100deg);
26	198, 55);	98	}
27	/* 开启 3d 场景 */	99	.ball .li16 {
28	transform-style: preserve-3d;	100	transform: rotateY(120deg);
29	/* 转动一个角度 */	101	}
30	transform: rotateX(64deg) rotateY(-	102	.ball .li17 {
31	29deg);	103	transform: rotateY(140deg);
32	/* 光晕转动 */	104	}
33	animation: gyRotate 20s linear infinite;	105	.ball .li18 {
34	}	106	transform: rotateY(160deg);
35	/*大球体 */	107	}
36	.ball {	108	.ball .li19 {
37	width: 380px;	109	transform: rotateY(180deg);
38	height: 380px;	110	}
39	border-radius: 50%;	111	/*小球体 */
40	/* 开启 3d 场景 */	112	.ball2 {
41	transform-style: preserve-3d;	113	width: 100px;
42	animation: ballRotate 10s linear infinite;	114	height: 100px;
43	}	115	/*父元素添加了 transform 属性,该属性默
44	.ball li {	116	认是添加了 position:relative,因此具有相
45	position: absolute;	117	对定位的效果。*/
46	/* 以最近祖先级定位元素宽高为参考	118	animation: ballRotate 2s linear
47	*/	119	infinite;
48	width: 100%;	120	}
49		121	.ball2 li {

续表

序号	CSS 代码	序号	CSS 代码
50	height: 100%;	122	box-shadow: 0 0 18px -1px rgb (17,
51	/* border:1px solid red; */	123	159, 241);
52	border-radius: 50%;	124	}
53	box-shadow: 0 0 18px -1px rgb(243, 0, 0);	125	/* 球体转动的关键帧 */
54	}	126	@keyframes ballRotate {
55	/* 球体生成沿着 X 轴旋转，沿着 Y 轴旋转	127	0% {
56	*/	128	transform: rotate(0deg);
57	.ball .li1 {	129	}
58	transform: rotateX(20deg);	130	100% {
59	}	131	transform: rotate(360deg);
60	.ball .li2 {	132	}
61	transform: rotateX(40deg);	133	}
62	}	134	/* 光晕转动 */
63	.ball .li3 {	135	@keyframes gyRotate {
64	transform: rotateX(60deg);	136	0% {
65	}	137	transform: rotateX(64deg) rotateY
66	.ball .li5 {	138	(-29deg) rotateZ(0deg);
67	transform: rotateX(100deg);	139	}
68	}	140	100% {
69	.ball .li6 {	141	transform: rotateX(64deg) rotateY
70	transform: rotateX(120deg);	142	(-29deg) rotateZ(360deg);
71	}	143	}
72	.ball .li4 {	144	}

模块小结

本模块主要介绍了 CSS3 中的过渡、动画和变形技术，重点讲解了动画的相关属性、2D 变形和 3D 变形。通过实践，读者掌握了 CSS 3 中的过渡动画和变形技术，能熟练地使用相关技术实现元素过度平移、缩放、倾斜、旋转和动画等，并能通过 CSS 3 的过渡变形和动作动画等制作出相应的案例。

习题与实训

一、选择题

1. 让一个动画一直执行的属性是（   ）。

    A. animation-direction   B. animation-iteration-count

    C. animation-play-state   D. animation-delay

2. 下列可以实现动画效果的是（   ）。

    A. animation   B. rotater

    C. skew   D. scale

3. 下列用于定义当前动画播放方向的属性是（　　　）。（多选）

  A. animation-direction   B. animation-iteration-count

  C. animation   D. animation-duration

4. 下面是 transform 属性值的有（　　　）。（多选）

  A. translate   B. rotate   C. scale

  D. skew   E. perspective   F. none

二、判断题

1. animation-delay 属性规定动画开始前的延时，不能为负值。（　　　）

2. animation-timing-function 中的 steps()，第一个参数必须是正整数，第二个参数可以省略。（　　　）

3. animation-duration 属性用于定义整个动画完成所需的时间。（　　　）

4. 当为元素定义 perspective 属性时，其子元素会获得透视效果，而不是元素本身，所以 perspective 属性要写在被观察元素的父元素上。（　　　）

5. 3D 旋转正方向的判断方法是右手法则。（　　　）

6. transform-style：preserve-3d；表示开启子元素立体空间，该属性要写在被开启元素的父元素上面。（　　　）

三、实训题

1. 运用所学，进一步美化助农网，并添加过渡或动画效果，如在商品列表中，实现鼠标经过商品放大显示效果；又如：添加 AI 机器人动画效果等。

    鼠标移入前（没有盒子阴影）   鼠标移入时（慢慢浮现盒子阴影）

 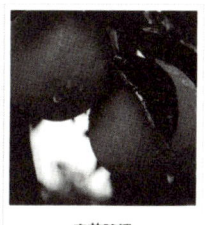

    鼠标移入前（未放大）   鼠标移入时（放大效果）

附 录

附录 1　思维导图

HTML 常用元素思维导图

CSS 基础知识思维导图

附录 2　网页常用名称

主体部分

名称	说明	名称	说明	名称	说明
header	头	download	下载	list	文章列表
content	内容	subnav	子导航	msg	提示信息
container	内容	menu	菜单	tips	小技巧
footer	尾	submenu	子菜单	title	栏目标题
nav	导航	search	搜索	joinus	加入
sidebar	侧栏	friendlink	友情链接	guild	指南
column	栏目	footer	页脚	service	服务
wrapper	页面外围控制整体布局宽度	banner	广告	main	页面主体
Left	左	copyright	版权	regsiter	注册
right	右	scroll	滚动	status	状态
center	中	content	内容	vote	投票
loginbar	登录条	tab	标签页	partner	合作伙伴
logo	标志	hot	热点	news	新闻

导航部分

名称	说明	名称	说明	名称	说明
nav	导航	topnav	顶导航	menu	菜单
mainnav	主导航	sidebar	边导航	submenu	子菜单
subnav	子导航	leftsidebar	左导航	title	标题
		rightsidebar	右导航	summary	摘要

功能部分

名称	说明	名称	说明	名称	说明
logo	标志	title	标题	msg	提示信息
banner	广告	joinus	加入	current	当前的
login	登陆	status	状态	tips	小技巧
loginbar	登录条	btn	按钮	icon	图标
regsiter	注册	scroll	滚动	note	注释
search	搜索	tab	标签页	guild	指南
hot	热点	vote	投票	copyright	版权
news	新闻	partner	合作伙伴	service	服务
download	下载	link	友情链接		
shop	功能区	list	文章列表		

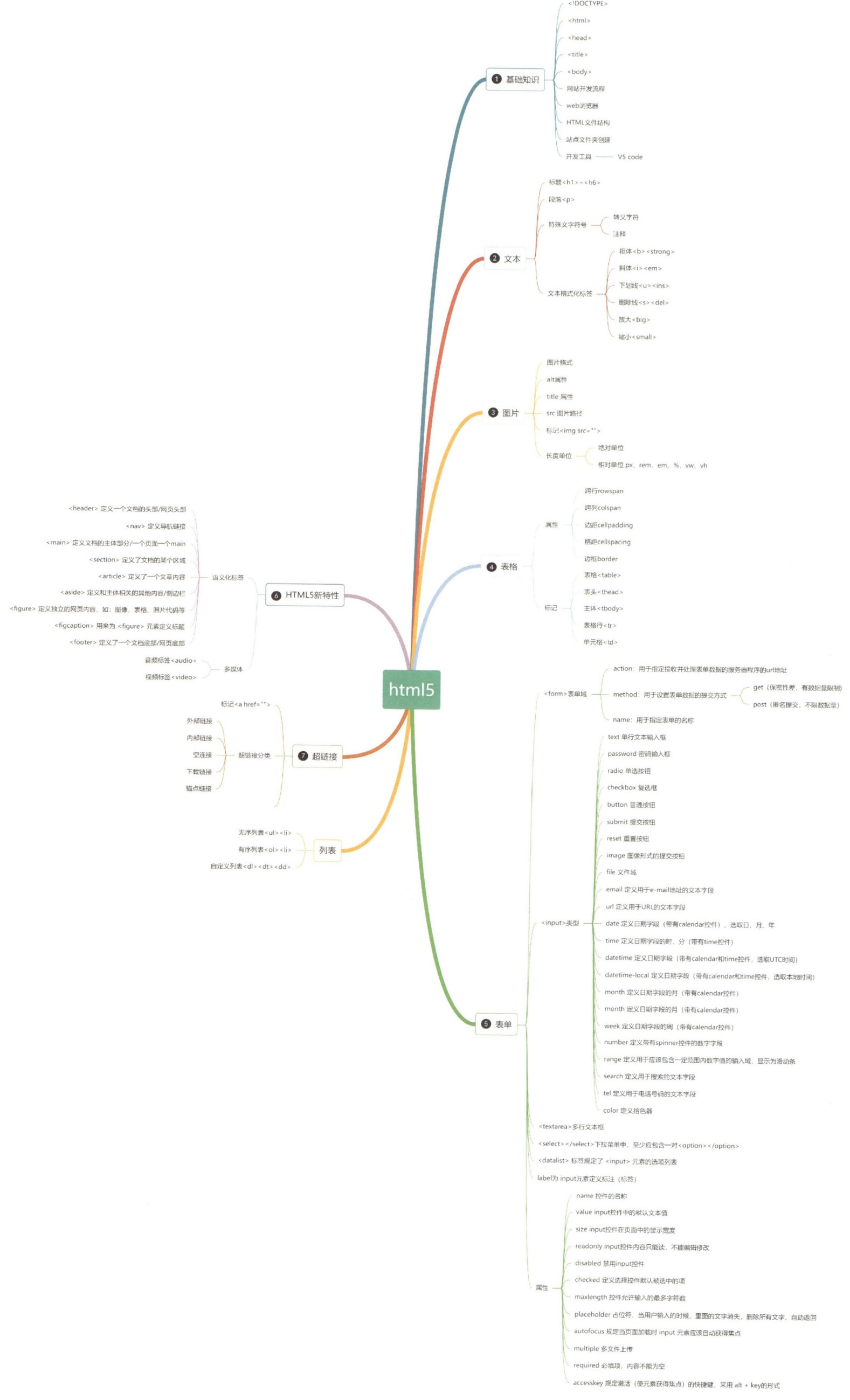

html5

❶ 基础知识
- <!DOCTYPE>
- <html>
- <head>
- <title>
- <body>
- 网站开发流程
- web浏览器
- HTML文件结构
- 站点文件夹创建
- 开发工具 —— VS code

❷ 文本
- 标题<h1>~<h6>
- 段落<p>
- 特殊文字符号
  - 转义字符
  - 注释
- 文本格式化标签
  - 粗体<b> <strong>
  - 斜体<i> <em>
  - 下划线<u> <ins>
  - 删除线<s> <del>
  - 放大<big>
  - 缩小<small>

❸ 图片
- 图片格式
- alt属性
- title 属性
- src 图片路径
- 标记<img src="">
- 长度单位
  - 绝对单位
  - 相对单位 px、rem、em、%、vw、vh

❹ 表格
- 属性
  - 跨行rowspan
  - 跨列colspan
  - 边距cellpadding
  - 格距cellspacing
  - 边框border
- 标记
  - 表格<table>
  - 表头<thead>
  - 主体<tbody>
  - 表格行<tr>
  - 单元格<td>

❻ HTML5新特性
- 语义化标签
  - <header> 定义一个文档的头部/网页头部
  - <nav> 定义导航链接
  - <main> 定义文档的主体部分/一个页面一个main
  - <section> 定义了文档的某个区域
  - <article> 定义了一个文章内容
  - <aside> 定义和主体相关的其他内容/侧边栏
  - <figure> 定义独立的内容，如：图像、表格、照片代码等
  - <figcaption> 用来为 <figure> 元素定义标题
  - <footer> 定义了一个文档底部/网页底部
- 多媒体
  - 音频标签 <audio>
  - 视频标签 <video>

❼ 超链接
- 标记<a href="">
- 超链接分类
  - 外部链接
  - 内部链接
  - 空连接
  - 下载链接
  - 锚点链接

列表
- 无序列表 <ul> <li>
- 有序列表 <ol> <li>
- 自定义列表 <dl> <dt> <dd>

❺ 表单
- <form>表单域
  - action：用于指定接收并处理表单数据的服务器程序的url地址
  - method：用于设置表单数据的提交方式
    - get（保密性差，有数据量限制）
    - post（匿名提交、不限数据量）
  - name：用于指定表单的名称
- <input>类型
  - text 单行文本输入框
  - password 密码输入框
  - radio 单选按钮
  - checkbox 复选框
  - button 普通按钮
  - submit 提交按钮
  - reset 重置按钮
  - image 图像形式的提交按钮
  - file 文件域
  - email 定义用于e-mail地址的文本字段
  - url 定义用于URL的文本字段
  - date 定义日期字段（带有calendar控件），选取日、月、年
  - time 定义日期字段的时、分（带有time控件）
  - datetime 定义日期字段（带有calendar和time控件，选取UTC时间）
  - datetime-local 定义日期字段（带有calendar和time控件，选取本地时间）
  - month 定义日期字段的月（带有calendar控件）
  - month 定义日期字段的月（带有calendar控件）
  - week 定义日期字段的周（带有calendar控件）
  - number 定义带有spinner控件的数字字段
  - range 定义用于应该包含一定范围内数字值的输入域，显示为滑动条
  - search 定义用于搜索的文本字段
  - tel 定义用于电话号码的文本字段
  - color 定义拾色器
- <textarea>多行文本框
- <select></select>下拉菜单中，至少应包含一对<option></option>
- <datalist> 标签规定了 <input> 元素的选项列表
- label为 input元素定义标注（标签）
- 属性
  - name 控件的名称
  - value input控件中的默认文本值
  - size input控件在页面中的显示宽度
  - readonly input控件内容只能读，不能编辑修改
  - disabled 禁用input控件
  - checked 定义选择控件默认被选中的项
  - maxlength 控件允许输入的最多字符数
  - placeholder 占位符，当用户输入的时候，里面的文字消失，删除所有文字，自动返回
  - autofocus 规定当页面加载时 input 元素应该自动获得集点
  - multiple 多文件上传
  - required 必填项，内容不能为空
  - accesskey 规定激活（使元素获得焦点）的快捷键，采用 alt + key的形式